高职教育实训系列教材

# 机械加工技能实训

JIXIEJIAGONGJINENGSHIXUN

主编　万文龙

华东师范大学出版社

**图书在版编目(CIP)数据**

机械加工技能实训/万文龙主编. —上海:华东师范大学出版社,2013.7
ISBN 978-7-5675-1121-7

Ⅰ.①机… Ⅱ.①万… Ⅲ.①金属切削—高等职业教育—教材 Ⅳ.①TG506

中国版本图书馆 CIP 数据核字(2013)第 183984 号

**机械加工技能实训**

主　　编　万文龙
项目编辑　蒋　将
审读编辑　丁　倩
装帧设计　卢晓红

出版发行　华东师范大学出版社
社　　址　上海市中山北路 3663 号　邮编 200062
网　　址　www.ecnupress.com.cn
电　　话　021-60821666　行政传真 021-62572105
客服电话　021-62865537　门市(邮购)电话 021-62869887
地　　址　上海市中山北路 3663 号华东师范大学校内先锋路口
网　　店　http://hdsdcbs.tmall.com

印 刷 者　浙江省临安市曙光印务有限公司
开　　本　787×1092　16 开
印　　张　13
字　　数　298 千字
版　　次　2014 年 4 月第 1 版
印　　次　2017 年 6 月第 3 次
印　　数　4201——5300
书　　号　ISBN 978-7-5675-1121-7/TH·060
定　　价　28.00 元

出 版 人　王　焰

“机械加工技能实训”是机械制造类专业的专业基础能力课程，是我院国家骨干高职院校建设项目“机械加工技术”课程教学资源库建设配套教材。教材编写过程中力求体现高职高专教材特点，即贯彻能力本位思想，突出学生的实践操作能力和知识应用能力培养。

本教材编写具有以下特色：

(1) “基于工作任务导向”的编写模式。每个模块分成若干具体零件加工任务，以完成工作任务为导向，引导学生做中学、学中做，通过完成工作任务学习专业知识和提升实际操作能力。

(2) 对接“六步法”教学形式。以工作任务书为引导，按照“咨询、计划、决策、实施、检查、评价”六步法开展教学。

(3) 体现以学生为主体。收集资讯、制订计划、初步决策、实施计划并完成任务、作品评价均以学生为主，激发学生学习热情，促进学生由被动学习转化为主动学习。

(4) 实现内容模块化。全书共设五个模块，满足不同机械大类专业对机械加工实习的不同要求。教师可以根据教学内容合理选择模块。

(5) 改变传统评价方式，强化质量意识。一是对学生个体的评价综合了学生本人、小组及教师的多元评价；二是给出评价标准，评价结果客观、公正；三是注重过程评价。

(6) 体例新颖。本教材在结构上借鉴了德资企业员工培训工作页，创新设计了教材的结构体例。

本教材由常州机电职业技术学院万文龙任主编。具体分工如下：模块一和模块二由万文龙编写，模块三由俞浩荣编写，模块四由金志国编写，模块五由翟洪源编写，全书由万文龙统稿，许朝山担任主审。

在编写本教材的过程中，得到了博世力士乐(常州)有限公司德国专家Tim先生的悉心指导，实训项目由常州机电职业技术学院和博世力士乐(常州)有限公司共同开发，学院机械系相关教师给予了大力支持，教材参考了相关资料和书籍，在此一并表示感谢！

由于编者水平有限，书中难免有疏漏、错误之处，恳请读者批评指正。

编　者

目
录

# 模块一　车削台阶轴

**知识目标**

1. 了解车床的组成结构；
2. 了解车刀的组成、常见车刀类型与选用；
3. 熟悉车削加工特点与工艺范围；
4. 熟悉公差与配合基础知识；
5. 熟悉普通车床安全操作规章和车床的维护保养知识。

**技能目标**

1. 掌握车床基本的操作方法与车床的日常维护；
2. 掌握外径尺寸和长度尺寸控制方法；
3. 能根据零件加工情况选择车刀合理的几何参数；
4. 能根据零件加工情况选择合适的切削用量；
5. 能识读零件图样上公差配合、形位公差、表面粗糙度及其他有关技术要求；
6. 能正确使用游标卡尺；
7. 能正确刃磨外圆车刀。

## 任务　车削台阶轴

### 一、工作任务

车削如图 1－1 所示台阶轴工件。

### 二、任务分析

图 1－1 所示台阶轴主要由 $\phi30$ 和 $\phi26$ 两段圆柱面构成，加工尺寸精度和表面粗糙度要求不高，对初学者来说，任务的难点主要是如何控制工件的直径与长度尺寸。通过编制该零件加工工艺和完成零件加工任务，帮助学生学习掌握工件的直径与长度尺寸控制方法、切削用量选取、游标卡尺使用方法，训练车床的基本操作技能。

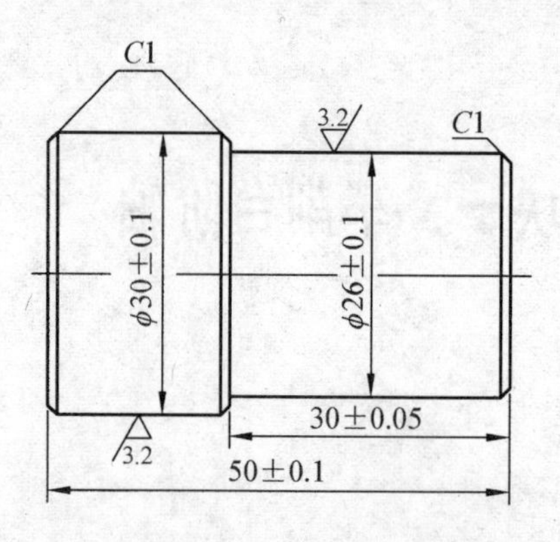


图 1-1　台阶轴

## 三、知识链接

### (一) CA6140 车床组成

卧式车床主要由主轴箱、进给箱、溜板箱、光杠、丝杠、尾座及床身、床腿等组成。图 1-2 所示为 CA6140 卧式车床的外形。

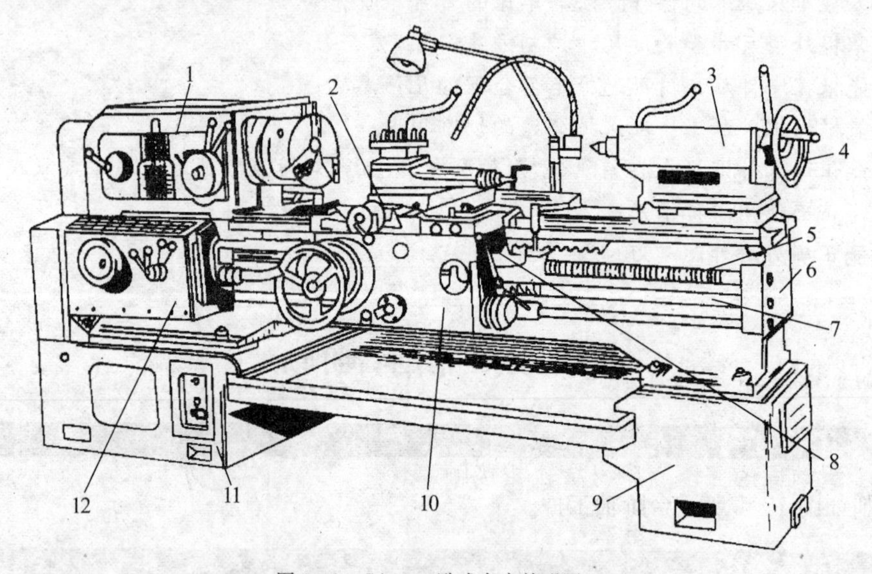


图 1-2　CA6140 卧式车床外形图

1—主轴箱　2—滑板与刀架　3—尾座　4—手轮　5—丝杠　6—床身　7—光杠
8—主轴正反向手柄　9、11—床腿　10—溜板箱　12—进给箱

#### 1. 主轴箱

电动机输出的动力，经 V 带、带轮和各种齿轮装置传至主轴箱，通过变换外部手柄的位置，可使主轴获得正转 24 种、反转 12 种不同转速。

主轴为空心结构，以便于安装棒料。前端带有圆锥面，用来安装各种夹具以夹持工件；后端装有传动齿轮，能将运动经挂轮传至进给箱，为进给运动提供动力来源。

**2. 进给箱**

进给箱是进给运动的变速机构，将主轴的旋转运动经过挂轮架上的齿轮传给光杠或丝杠。

可以通过调整外部手柄，利用其内部的变速机构改变光杠或丝杠的转速，从而改变刀具进给速度。

**3. 溜板箱**

溜板箱是进给运动的分向机构，可将光杠传来的运动转换为纵向或横向进给运动；或将丝杠传来的运动转换为螺纹进给运动，从而车削螺纹。手动进给由手轮控制。

**4. 光杠和丝杠**

将进给箱的运动传给溜板箱。自动进给时使用光杠；车削螺纹时使用丝杠。手动进给时，光杠和丝杠都可以不用。

**5. 刀架**

刀架用以夹持车刀并随其做纵向、横向或斜向进给运动。刀架的组成如图 1－3 所示，分别由床鞍、中滑板、转盘、小滑板和方刀架组成。

(1) 床鞍　它的前端下部与溜板箱相连，带动车刀沿床身导轨做纵向移动。

(2) 中滑板　它带动车刀沿床鞍上的导轨做横向移动。

(3) 转盘　转盘上有刻度，通过螺栓与刀架相连接，松开螺母可以在水平面内回转任意角度。

(4) 小滑板　可以沿转盘上的导轨做短距离移动，如果转盘回转某一角度后，车刀运动便为斜向移动。

(5) 方刀架　用于夹持刀具，可同时装夹四把车刀。

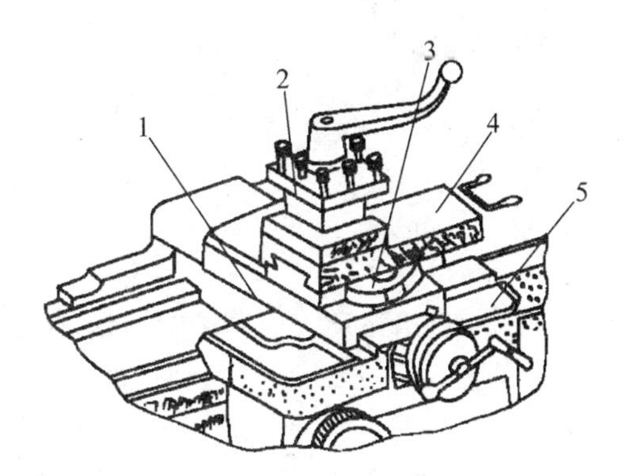


图 1－3　刀架的组成

1—中滑板　2—方刀架　3—转盘
4—小滑板　5—床鞍

**6. 尾座**

带有导轨面的底座与床身导轨相接触，套筒前端带有锥度内孔，用来安装顶尖，以便支承较长的工件，或安装钻头、铰刀进行钻削或铰削工作。尾座的结构如图 1－4 所示。

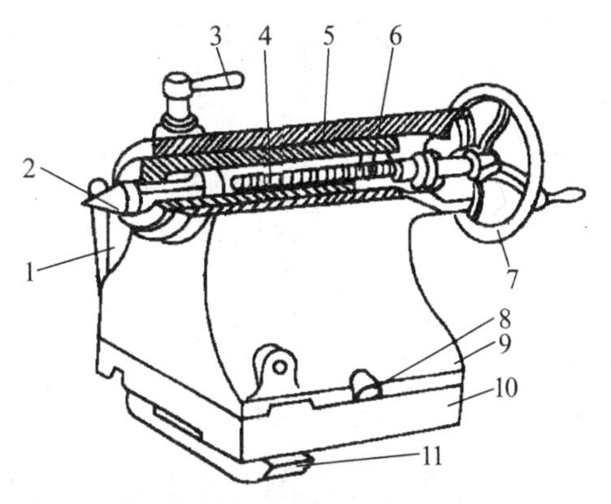


图 1－4　尾座构造示意图

1、3—手柄　2—顶尖　4—丝杠　5—顶尖套
6—螺母　7—手轮　8—螺钉　9—尾座体
10—底座　11—压板

**7. 床身**

床身是车床的基础零件，用以连接各主要部件并保证各个部件之间有正确的相对位置。床身上的导轨用来引导刀架和尾座移动，以保证其对机床主轴轴线的正确位置。

**8. 床腿**

床腿用来支承床身，并与地基相连接。

**(二) 车削加工的特点与车削工艺范围**

各种机械零件大多由不同工种的工人加工而成。目前仍离不开金属切削加工，而轴、盘、套类等零件更离不开车削加工。因此，车削加工是机械加工中最常用的加工方法。在金属切削机床中，各类车床约占切削机床总数的50%左右。无论是在单件或小批生产及机械修配工作中，还是在成批、大量生产时，车削加工都占有很重要的地位。

**1. 车削加工的特点**

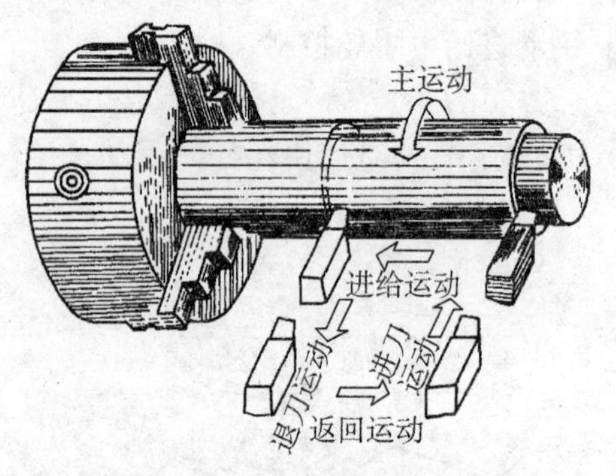

图1-5 车床的运动

车削加工就是在车床上利用刀具和工件做相对运动，来改变毛坯的尺寸和形状，以达到我们所需零件尺寸要求的加工过程。车削加工时工件旋转做主运动，车刀移动做进给运动。各种运动的情况如图1-5所示。

(1) 主运动　所谓主运动，是指使刀具和工件之间产生相对运动，从而直接切削工件上的切削层，以形成工件新表面的运动。如车削时，车床主轴带动工件的旋转运动是主运动。通常主运动消耗的功率占总功率的大部分。

(2) 进给运动　所谓进给运动，是指使刀具与工件之间产生附加的相对运动，以不断地切除切屑，并形成所需几何特性的已加工表面的运动。进给运动通常只消耗总切削功率的小部分。

(3) 工件上形成的表面　车刀切削工件时，在工件上形成了三个表面，如图1-6所示。

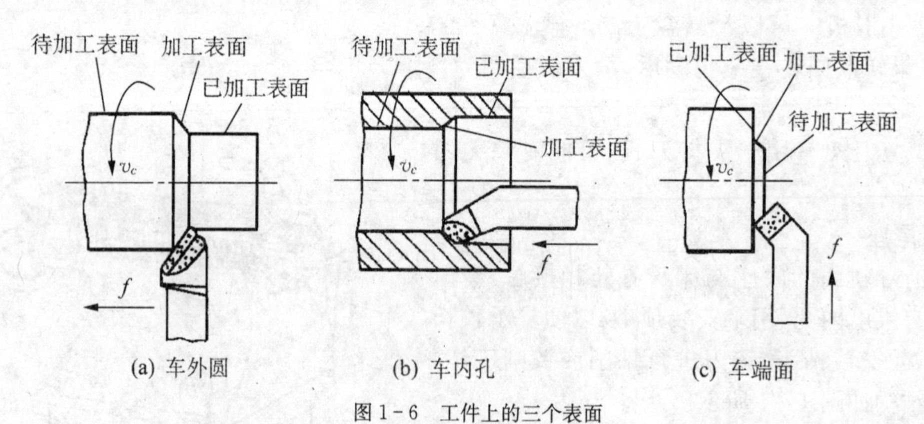

图1-6 工件上的三个表面

① 已加工表面　已经切去多余金属而形成的表面。

② 加工表面　车刀的切削刃正在切削的表面。

③ 待加工表面　即将被切除金属层的表面。

**2. 卧式车床的工艺范围**

车削主要用来加工零件的回转体表面。卧式车床的加工范围如图 1-7 所示。卧式车床加工精度一般为 IT 10～IT 8,表面粗糙度为 $Ra$ 3.2～1.6 μm。

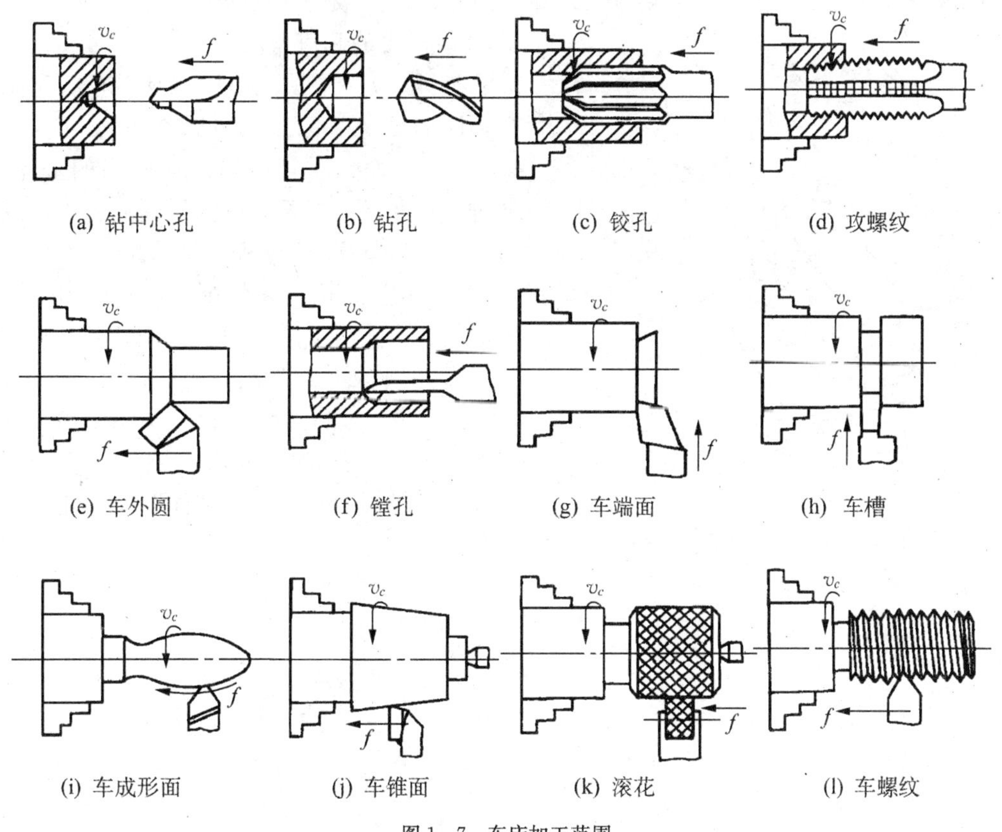


图 1-7　车床加工范围

## (三) 车刀

**1. 外圆车刀的结构**

车刀由切削部分的刀头和夹持在刀架上的刀柄组成,如图 1-8 所示。刀头是车刀的切削部分,由硬质合金或高速钢等材料制成。刀杆用来把车刀装夹在刀架上,所以又称夹持部分,一般由 45 钢制造,也可用高速钢方条直接磨制车刀。

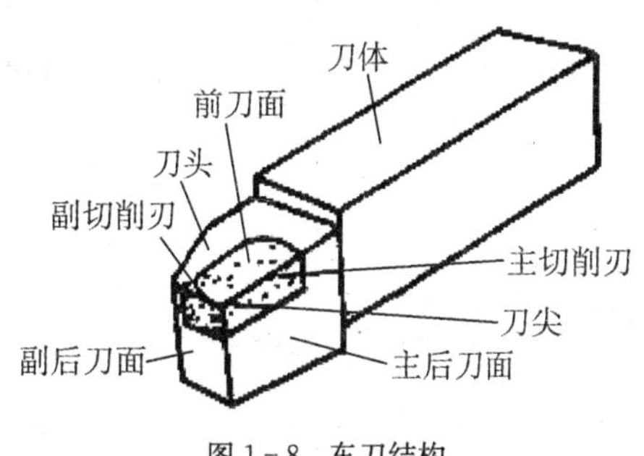


图 1-8　车刀结构

车刀的切削部分一般由三个面、两个刃、一个刀尖组成,俗称“三面、两刃、一尖”。

(1) 前刀面　是切屑沿着它流出的表面,也就是车刀的上面。

(2) 主后刀面　是与工件切削表面相对的那个面。

(3) 副后刀面　是与工件已加工表面相对的那个面。

(4) 主切削刃　是前刀面和主后刀面的交线，它担负着主要的切削任务。

(5) 副切削刃　是前刀面和副后刀面的交线，它担负少量的切削任务。

(6) 刀尖　是主切削刃和副切削刃的相交部分，它通常是一小段过渡圆弧。

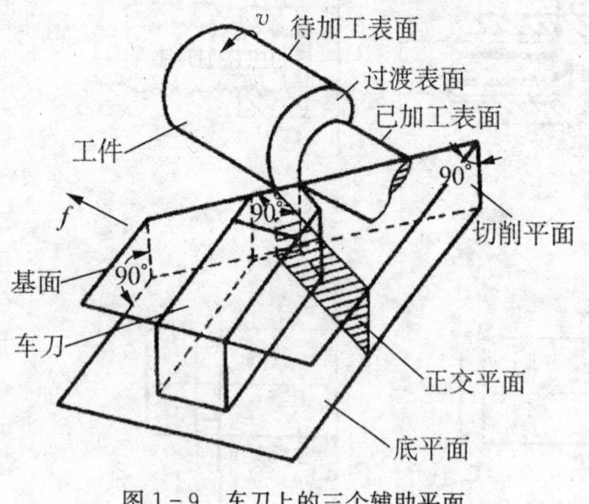


图 1-9　车刀上的三个辅助平面

**2. 车刀的几何角度**

为了研究和测量车刀的切削角度，设想三个辅助平面作为基准面。见图 1-9。

(1) 基面　主切削刃上任一点的基面，是通过该点而又垂直于该点的切削速度方向的平面，测量时，基面与刀杆底平面平行。

(2) 切削平面　主切削刃上任一点的切削平面是过该点与工件切削表面相切的平面。测量时，切削平面是过切削刃的铅垂面。

(3) 主截面(正交平面)　主切削刃上任一点的主截面，是通过该点并垂直于主切削刃在基面上的投影的平面。主截面既垂直于基面又垂直于切削平面，以上三个平面是相互垂直的。

车刀几何角度如图 1-10 所示。

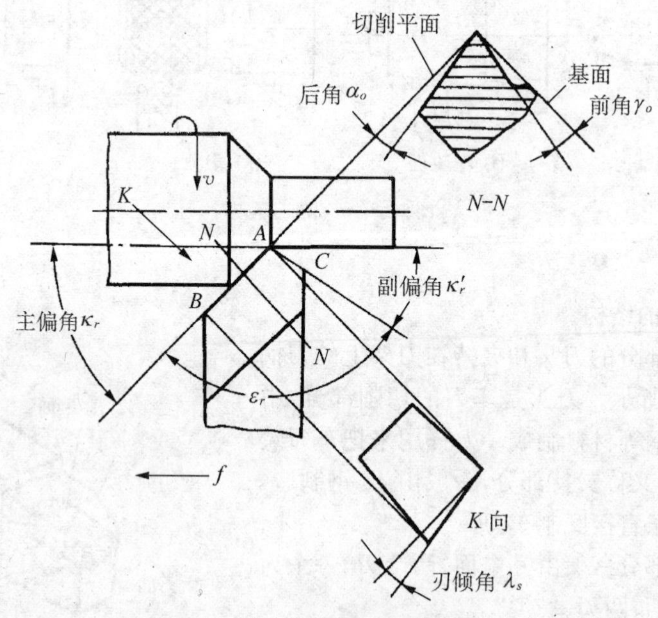


图 1-10　外圆车刀的几何角度

前角 $\gamma_o$：在主截面内测得基面与前刀面间的夹角。前角影响刃口的锋利程度和强度，影响切削变形和切削力。前角增大可使车刀刃口锋利，切削省力，减少切削变形并使切屑排出顺利，但会使刀刃强度降低。用高速钢车刀车削钢料时一般取 $\gamma_o = 15° \sim 25°$；车削铸铁时前角可略小些。用硬质合金车刀车削钢料时取 $\gamma_o = 10° \sim 20°$；车削铸铁时可取 $\gamma_o = 0°$。

后角 $\alpha_o$：是在主截面内测得主后刀面与切削平面之间的夹角。主要作用是在车削时减少主后刀面与工件的摩擦。一般取 $\alpha_o = 6° \sim 12°$，粗车时取小值，精车时取大值。

主偏角 $\kappa_r$：是主切削刃在基面上的投影与走刀方向之间的夹角。在切削深度不变时，$\kappa_r$ 减小，刀刃参加切削的长度增加，刀刃单位长度上受力减小，而且散热情况好。但刀具对工件的径向作用力加大，易顶弯工件。一般取 $\kappa_r = 45°、75°、90°$。加工细长轴时可取 $\kappa_r = 90°$。

副偏角 $\kappa_r'$：是副切削刃在基面上的投影与走刀相反方向之间的夹角。其主要作用是减少副切削刃与工件已加工表面之间的摩擦。减小 $\kappa_r'$ 有利于改善工件表面粗糙度；但是，$\kappa_r'$ 值太小会在切削过中引起工件振动。90°、75°车刀一般取 $\kappa_r' = 5° \sim 15°$。

刃倾角 $\lambda_s$：是在切削平面内测得主切削刃与基面之间的夹角。主要作用是控制切屑流出的方向。一般取 $\lambda_s = -4° \sim 4°$。

当刀尖位于主切削刃的最高点时，刃倾角为正值，切削时，切屑排向待加工表面，但刀尖强度较差，适用于精车。当刀尖位于主切削刃最低点时，刃倾角为负值，切削时切屑排向已加工表面。此时切屑容易擦毛已加工表面，但刀尖强度好。一般适用于粗车、断续车削或强力车削。刃倾角为零（$\lambda_s = 0°$），切削时切屑沿垂直于主切削刃方向排出。

**3. 车刀类型**

车刀的种类很多，按用途可分为外圆车刀、端面车刀、螺纹车刀、镗孔刀、切断刀及成形车刀等，如图 1－11 所示。按结构的不同，又可分为整体式车刀、焊接式车刀、机夹车刀、可转位车刀和成形车刀等，如图 1－12 所示。

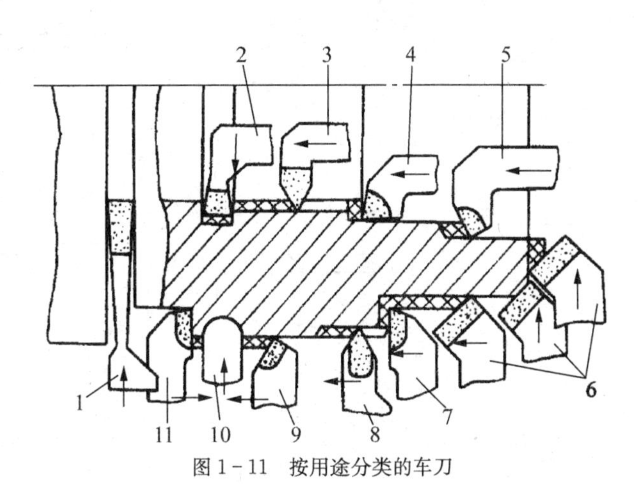

图 1－11　按用途分类的车刀

1—车槽刀　2—内孔车槽刀　3—内螺纹车刀　4—盲孔车刀
5—通孔车刀　6—45°弯头车刀　7—90°车刀　8—外螺纹车刀
9—75°外圆车刀　10—成形车刀　11—90°左外圆车刀

整体式车刀一般用高速钢制造，它刃磨方便，使用灵活，但硬度、耐热性较低，通常用于车削有色金属工件，在小型车床上车削较小的工件。

焊接式车刀是由硬质合金刀片和普通结构钢刀杆通过焊接连接而成。焊接式车刀结构简单、紧凑；刚性好、抗振性能强；制造、刃磨方便；使用灵活。目前应用仍十分普遍。硬质合金刀片形状分为 A、B、C、D、E 五类（见图 1－13）。A 类主要用于 90°外圆车刀、端面车刀、镗孔刀；B 类主要用于左切的 90°外圆车刀等；C 类主要用于 $\kappa_r < 90°$ 外圆车刀、镗孔刀、宽刃精车刀；D 类主要用于切断刀、切槽刀；E 类主要用于螺纹车刀、精车刀。

机夹车刀是将硬质合金刀片用机械方法夹固在刀柄上，刀片磨钝后，卸下刀片，经重新刃磨，可再装上继续使用。机夹车刀的特点：

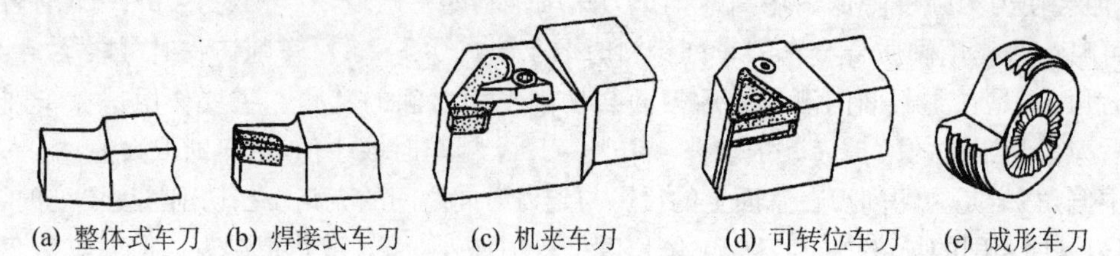


图 1-12 按结构分类的车刀

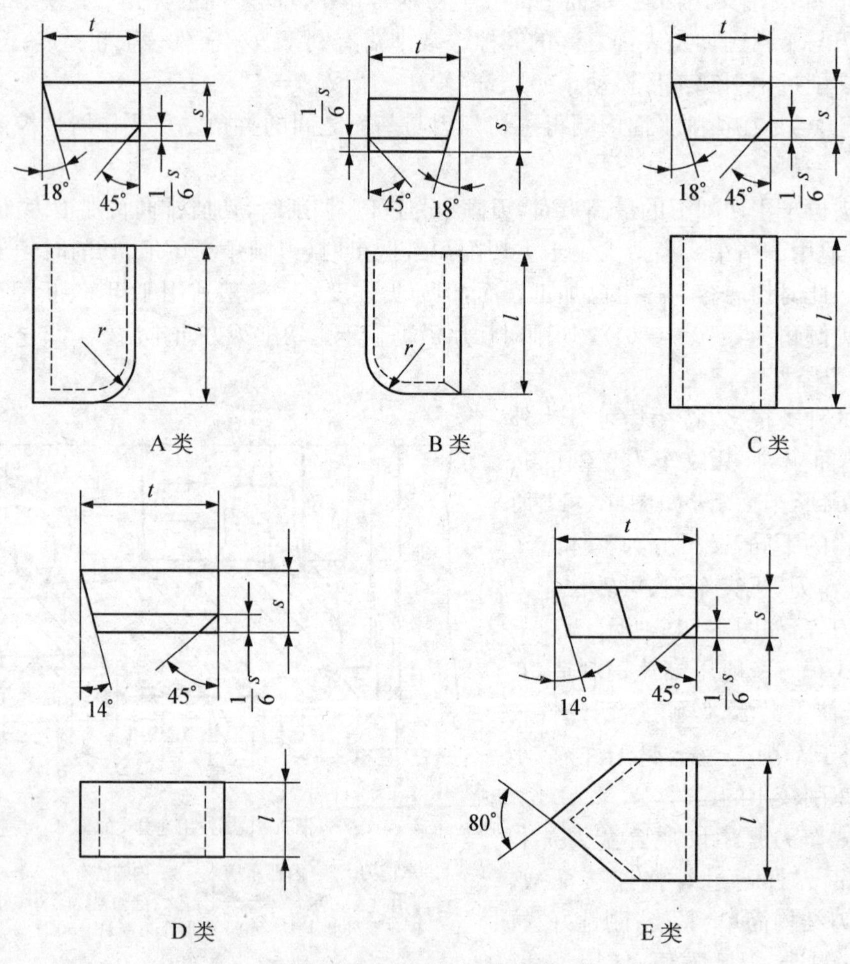


图 1-13 硬质合金刀片形状

① 刀片不经焊接,避免了因高温焊接而引起的刀片硬度下降以及产生裂纹等缺陷,因此提高了刀具的使用寿命。

② 刀柄可重复多次使用,提高了刀柄寿命,节约了刀柄材料。

常用的机夹式车刀夹紧结构有:上压式(如图 1-14 所示)和侧压式(如图 1-15 所示)。

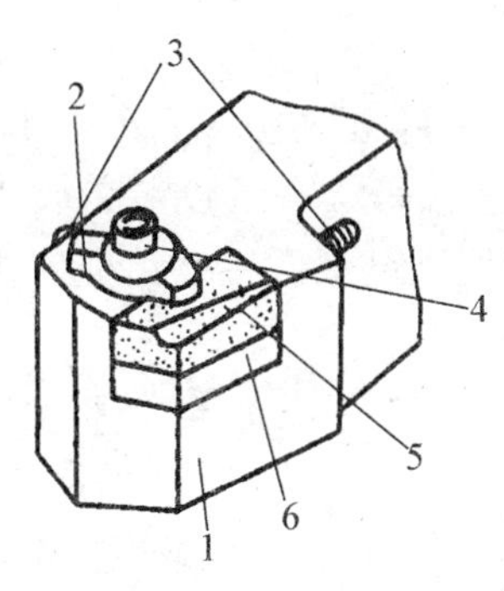


图 1-14　上压式车刀

1—刀柄　2—压板　3—调节螺钉
4—压紧螺钉　5—刀片　6—刀垫

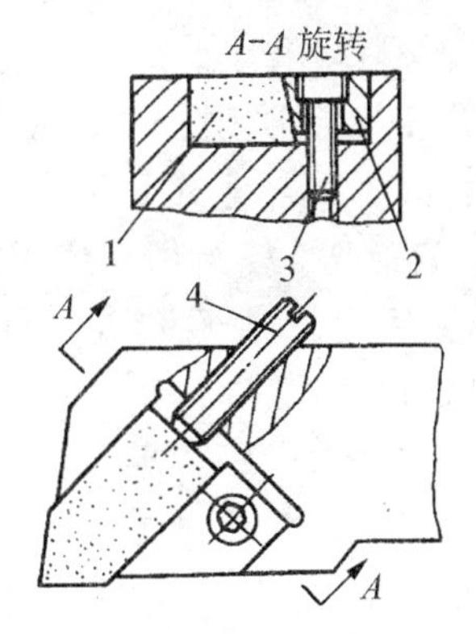


图 1-15　侧压式车刀

1—刀片　2—楔块　3—紧固螺钉
4—调节螺钉

可转位车刀是把硬质合金可转位刀片用机械方法夹固在刀柄上，刀片上具有合理的几何参数和多条切削刃。在切削过程中，当某一条切削刃磨钝以后，只要松开夹紧机构，将刀片转换一条新的切削刃，夹紧后又可继续切削，只有当刀片上所有的切削刃都磨钝了，才需更换新刀片。

**4. 车刀材料**

车刀切削部分在很高的切削温度下工作，所以作为车刀切削部分的材料必须硬度高(冷硬性)、耐高温(红硬性)、耐磨性好，并具有足够的强度和韧性。

目前常用的车刀材料有高速钢和硬质合金两大类。

(1) 高速钢　高速钢是一种含钨、铬、钒等合金元素较多的合金工具钢(又称白钢或锋钢)。

高速钢具有较高的强度、韧性和耐磨性，热硬性好。在550～650℃时仍能保持其切削性能。由于高速钢的抗弯强度、冲击韧度高，而且制造简单、刃磨方便，磨出的切削刃锋利，质量稳定，因此高速钢主要用来制造小型车刀、螺纹车刀和形状复杂的成形车刀。但高速钢的耐热性差些，因此不能用于高速切削。

常用的高速钢牌号是 W18Cr4V。

(2) 硬质合金　硬质合金是以钨的碳化物(WC)、钛的碳化物(TiC)的粉末为基础，以钴(Co)为粘结剂，高压压制成形后再高温烧结而成的粉末冶金制品。

硬质合金的硬度较高，其常温硬度为89～93HRA(相当于74～81HRC)，耐磨性好，热硬性高。在850～1000℃仍能保持良好的切削性能。因此使用硬质合金车刀，可选用比高速钢车刀高4～10倍的切削速度，并能切削高速钢无法切削的淬火钢、冷硬铸铁等难加工材料。

硬质合金的缺点是韧性差，不耐冲击，所以大部分都制成刀片后，通过焊接或机械夹固在刀体上使用。

硬质合金是目前应用最广泛的一种车刀材料。常见的有钨钴类(YG)和钨钛钴类(YT)。

① 钨钴类硬质合金 YG 类(国际标准的 K 类)，其主要成分是 WC+Co，常用材料牌号有 YG3(K05)、YG6(K15)、YG8(K30)等。牌号 YG 后数字表示 Co 的百分数。材料中 Co

含量少，则刀具材料耐磨性高，脆性大，适于精加工；反之刀具材料的韧性和强度好，适于进行工件的粗加工。钨钴类硬质合金主要用于加工铸铁、有色金属及非金属材料。

② 钨钛钴类硬质合金 YT 类（国际标准的 P 类），其主要成分是 WC＋TiC＋Co，如 YT5(P30)、YT14(P20)、YT15(P10)、YT30(P05)等。牌号 YT 后数字表示 TiC 的百分数，含量越多，则硬度、耐磨性越高，但抗弯强度、冲击韧度则越低。钨钛钴类硬质合金主要用于加工塑性材料，如钢料。

③ 通用硬质合金 YW 类（国际标准的 M 类），其主要成分是 WC＋TiC＋TaC（或 NbC)＋Co，TaC(NbC)的加入提高了材料的抗弯强度、冲击韧度、抗氧化能力、耐磨性和耐热性等，如 YW1(M10)、YW2(M15)。由于材料中含有稀有金属钽（铌），其价格较 YT、YG 类硬质合金贵，主要用于加工耐热钢、高锰钢、不锈钢等难加工材料。

**（四）识读零件图基础**

设计零件时，为保证零件的使用性能，对零件提出了相应的要求，这些要求被称为零件的技术要求。零件的技术要求包括尺寸精度、形状和位置精度、表面粗糙度、材料的热处理要求以及其他要求等。零件的这些技术要求，在选材和冷热加工过程中必须得到充分保证。

零件在切削加工过程中，由于工艺系统的几何误差、受力变形和热变形等原因，常会使零件产生加工误差，主要包括尺寸、形状、位置和表面粗糙度等方面。这些误差在加工过程中应控制在零件技术要求允许的范围内。

**1. 尺寸精度**

尺寸精度是指零件加工后的实际尺寸与理想尺寸相符合的程度。尺寸精度是用尺寸公差来保证的。尺寸公差是切削加工中零件尺寸允许的变动量。在基本尺寸相同的情况下，尺寸公差越小，则尺寸精度越高，加工越困难。

相同规格的零件或部件，装配前不需要挑选，装配过程中不需要修配或调整，装配后能保证装配精度要求，则认为这样的零件具有互换性。互换性是现代大规模生产的基础。零件的互换性是由标准化和统一计量来保证的。

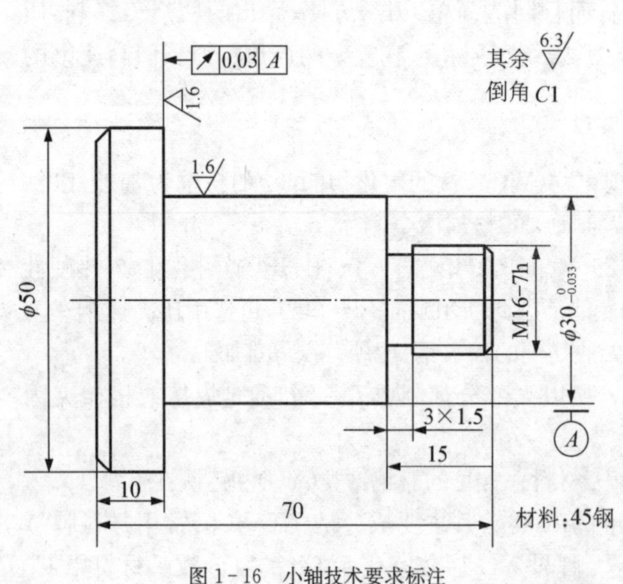


图 1-16　小轴技术要求标注

(1) 基本尺寸　是指设计给定的尺寸，如图 1-16 所示小轴零件图上的 $\phi$30 mm、$\phi$50 mm等。

(2) 实际尺寸　通过测量所得的尺寸。由于存在测量误差，故实际尺寸并非尺寸的真值。

(3) 极限尺寸　允许尺寸变化的两个界限值。两个界限值中较大的一个称最大极限尺寸；较小的一个称最小极限尺寸。如图 1-16 中 $\phi 30^{\ 0}_{-0.033}$ mm 的最大极限尺寸为 30 mm；最小极限尺寸为 $\phi$29.967 mm。

零件加工后的局部实际尺寸必须大于最小极限尺寸且小于最大极限尺寸，零件才为合格；否则零件为不合格。

(4) 尺寸偏差　某一尺寸减其基本尺寸所得的代数差。最大极限尺寸减其基本尺寸所得的代数差称为上偏差。孔用 ES 表示，轴用 es 表示。最小极限尺寸减其基本尺寸所得的代数差称为下偏差。孔用 EI 表示，轴用 ei 表示。如图 1-16 中 $\phi 30_{-0.033}^{0}$ mm (es = 0, ei = −0.033 mm)。实际尺寸减其基本尺寸的代数差称为实际偏差。实际偏差处于上、下尺寸偏差之间，零件为合格；否则为不合格。

(5) 尺寸公差　允许尺寸的变动量。公差等于最大极限尺寸与最小极限尺寸之差的绝对值，也等于上偏差与下偏差之代数差的绝对值。基本尺寸、极限尺寸、尺寸偏差及尺寸公差之间的关系如图 1-17 所示。

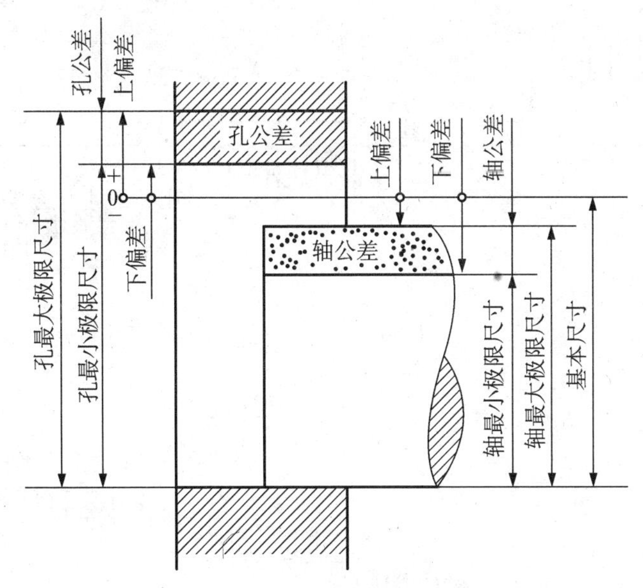


图 1-17　基本尺寸、极限尺寸、尺寸偏差、尺寸公差

(6) 尺寸公差带　公差带是限制尺寸变动的区域。在公差带图中，它是由代表上、下偏差的两直线所限定的一个区域，如图 1-18 所示。公差带是由它的大小和相对于零线位置两个要素来确定的，公差带的大小由公差值确定，公差带的位置由基本偏差(上偏差或下偏差)决定。

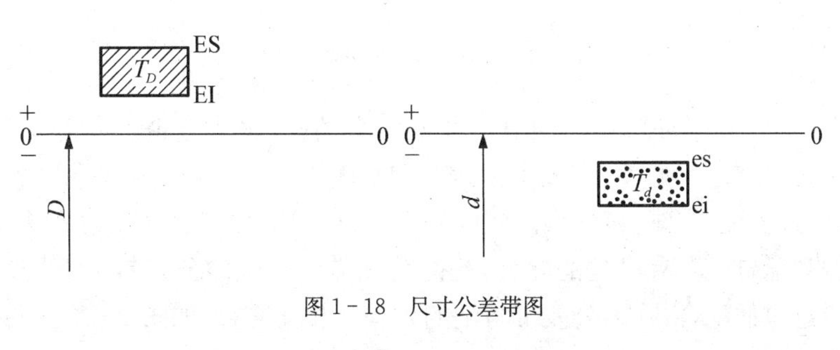


图 1-18　尺寸公差带图

(7) 标准公差　是指在国家标准公差与配合制中所列出的用以确定公差带大小的任一公差。标准公差用符号"IT"表示。

(8) 公差等级　用以确定尺寸精确程度的等级。GB/T 1800.2—1998 规定了基本尺寸 500 mm 内的标准公差等级有 20 个等级，它们分别是 IT 01、IT 0、IT 1、…、IT 17、IT 18。其中 IT 01 级精度最高，IT 18 级精度最低。

(9) 基本偏差　是指在国家标准公差与配合制中用以确定公差带相对于零线位置的上偏差或下偏差，一般为靠近零线的那个偏差。图 1-19 所示为基本偏差系列。

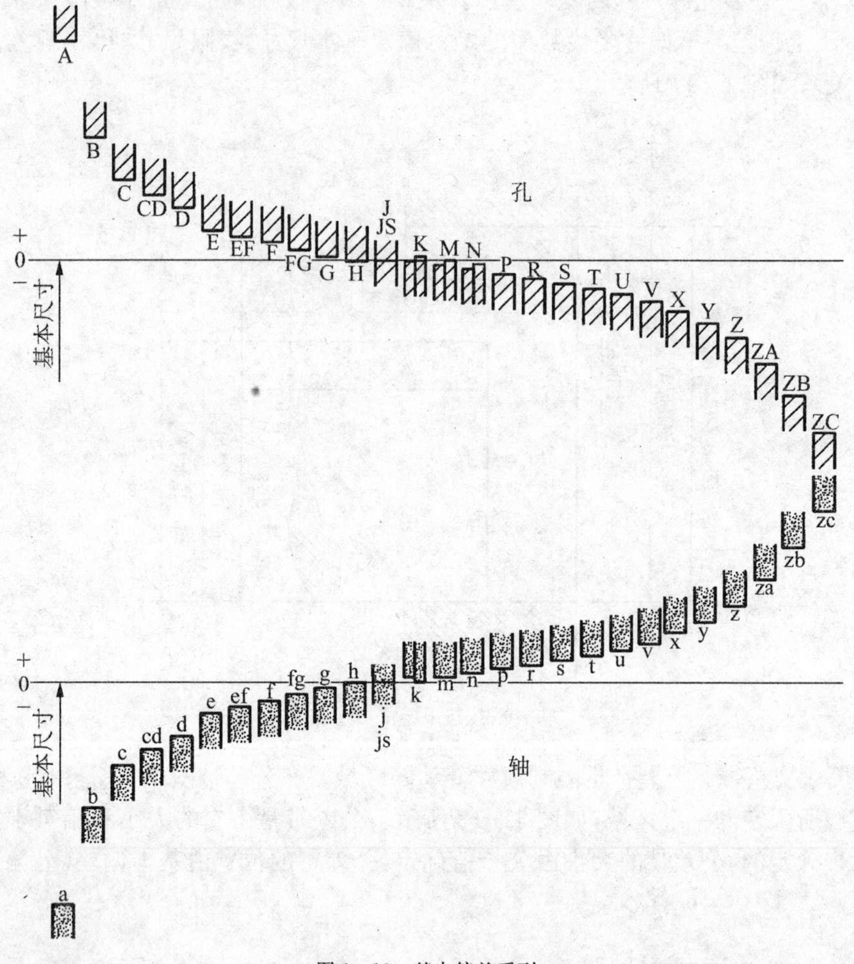


图 1-19　基本偏差系列

(10) 配合　配合是指基本尺寸相同、相互结合的孔、轴公差带之间的关系。根据组成配合的孔和轴公差带之间的关系，或者说按其组成配合后，形成间隙或过盈的情况，配合可分为间隙配合、过盈配合和过渡配合。间隙配合是具有间隙的配合，孔的公差带位于轴的公差带之上。过盈配合是具有过盈的配合，孔的公差带位于轴的公差带之下。过渡配合是可能具有间隙或过盈的配合，孔的公差带与轴的公差带相互交叠，如图 1-20 所示。

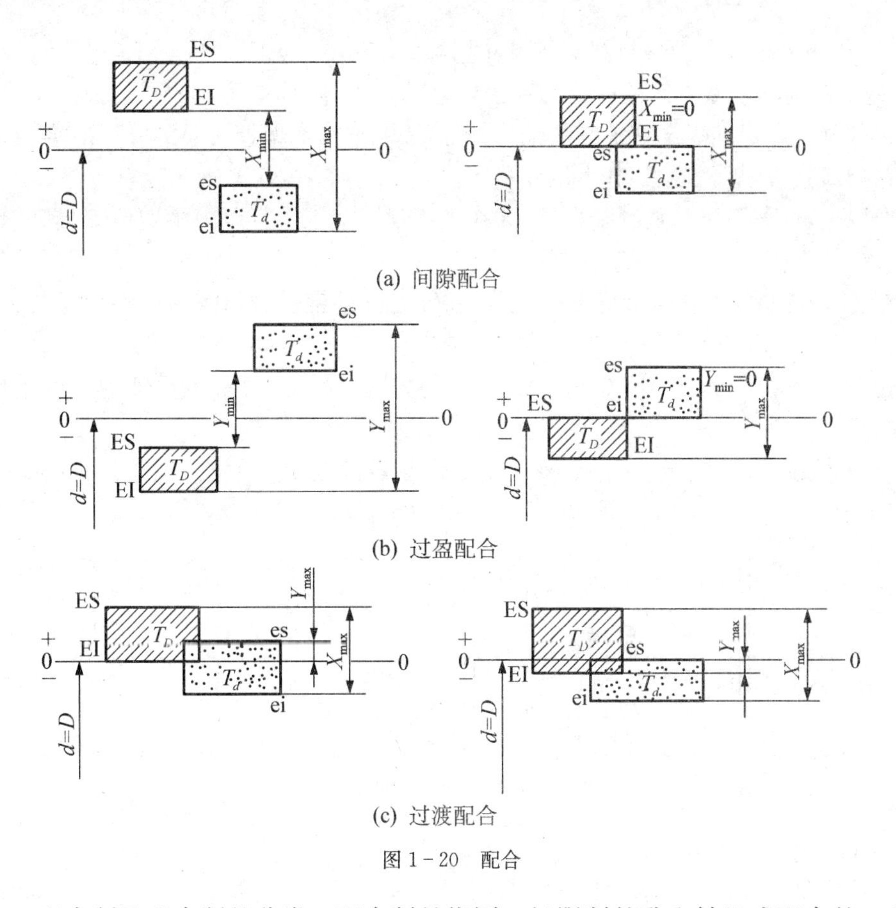

(a) 间隙配合

(b) 过盈配合

(c) 过渡配合

图 1-20　配合

(11) 配合制及配合制的分类　配合制是指同一极限制的孔和轴组成配合的一种制度。标准规定了两种平行的配合制度，即基孔制配合与基轴制配合，如图 1-21 所示。

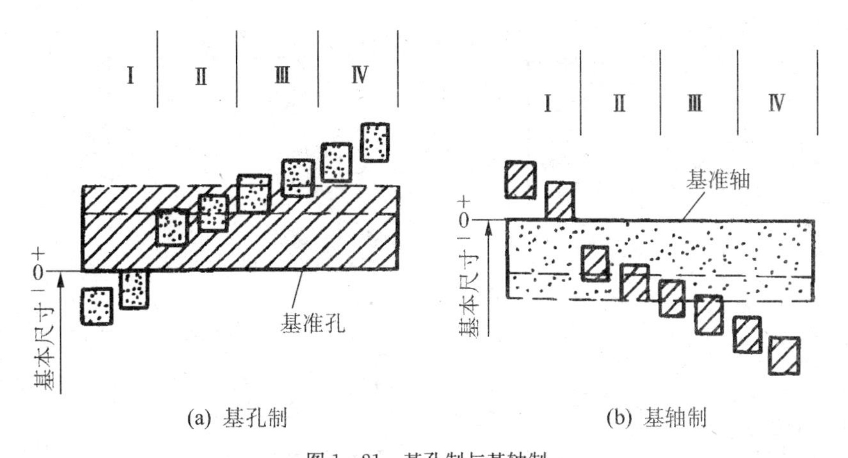

(a) 基孔制　　(b) 基轴制

图 1-21　基孔制与基轴制

① 基孔制配合　基本偏差一定的孔的公差带，与不同基本偏差的轴的公差带形成各种配合的一种制度。标准规定基孔制的孔为基准孔，基准孔的偏差代号为"H"，其下偏差为

零，即基准孔的最小极限尺寸与其基本尺寸相等。

② 基轴制配合　基本偏差一定的轴的公差带，与不同基本偏差的孔的公差带形成各种配合的一种制度。标准规定基轴制的轴为基准轴，基准轴的偏差代号为“h”，其上偏差为零，即基准轴的最大极限尺寸与其基本尺寸相等。

标准规定，优先采用基孔制配合，因为在中小尺寸加工中可以减少定值刀具和量具的数量。只有在特殊情况下才采用基轴制配合。

(12) 公差带与配合代号　标准规定，孔和轴的公差带代号由基本偏差代号与公差等级代号组成。例如 H8、F8、K7 等为孔的公差带代号：h7、f7、k7 等为轴的公差带代号。配合代号由孔与轴公差带代号所组成，分子表示孔的公差带代号，分母表示轴的公差带代号，如 H7/f6 或 G7/h6 等。

(13) 零件图中尺寸公差带的三种标注形式　零件图中尺寸公差带的三种标注形式如图1-22所示。

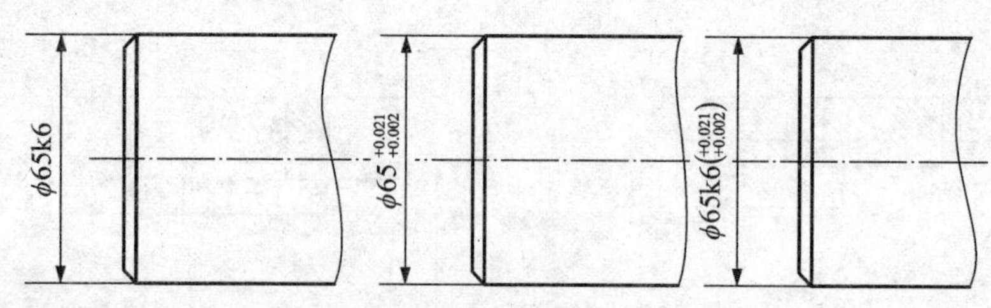


图 1-22　公差带在零件图上的三种标注形式

**2. 形状精度**

形状精度是指零件加工后零件表面本身的实际形状与理想形状的符合程度，如图 1-23 所示。

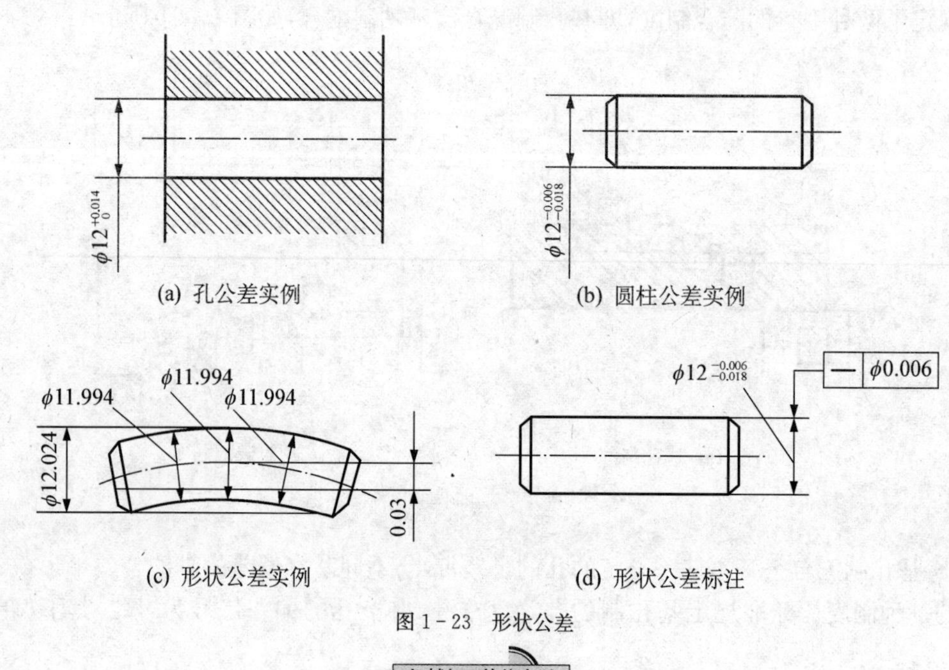


图 1-23　形状公差

图 1-23 中的零件加工成图(c)的形状，即圆柱轴线变曲，影响装配。因此，除了尺寸精度必须控制外，还要有形状精度的要求。形状精度用形状公差控制。形状公差的项目和符号如表 1-1 所示。

**表 1-1　形状公差项目与符号**

| 项目 | 直线度 | 平面度 | 圆度 | 圆柱度 | 线轮廓度 | 面轮廓度 |
|---|---|---|---|---|---|---|
| 符号 | — | ▱ | ○ | ⌭ | ⌒ | ⌓ |

(1) 直线度

直线度是指被测直线偏离其理想形状的程度。直线度公差是被测直线对于理想直线的允许变动量。图 1-24(a)所示为直线度的标注。其公差带是距离为公差值(如 0.02 mm)的两平行直线之间的区域，如图 1-24(b)所示。图示直线度公差为给定平面内的直线度，圆柱面的素线有直线度要求，公差值为 0.02 mm。

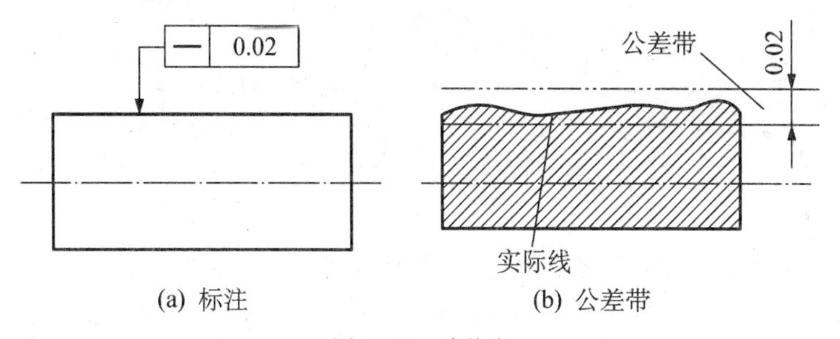

(a) 标注　　(b) 公差带

图 1-24　直线度

(2) 平面度

平面度是指被测平面偏离其理想形状的程度。平面度公差是被测平面相对理想平面的允许变动量。图 1-25(a)所示为平面度的标注。图中平面度公差是距离为公差值(如 0.05 mm)的两平行平面之间的区域，如图 1-25(b)所示。

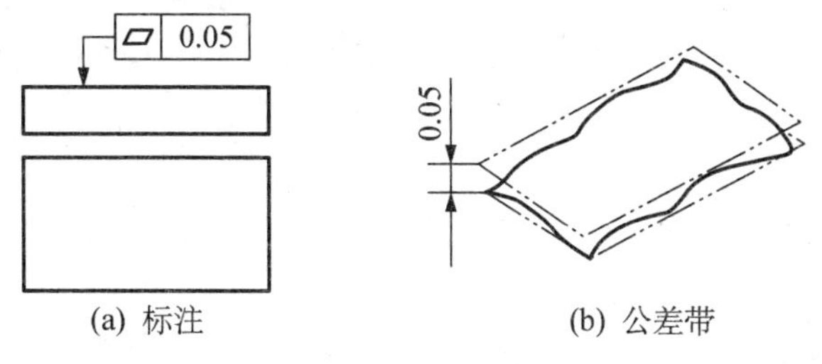

(a) 标注　　(b) 公差带

图 1-25　平面度

(3) 圆度

圆度是指被测圆柱面或圆锥面在正截面内的实际轮廓偏离其理想形状的程度。圆度公差

是被测圆相对于理想圆的变动量。圆度公差的标注如图 1-26(a)所示。图中圆度公差带是在同一正截面上半径差为公差值(如 0.01 mm)的两同心圆之间的区域,如图 1-26(b)所示。

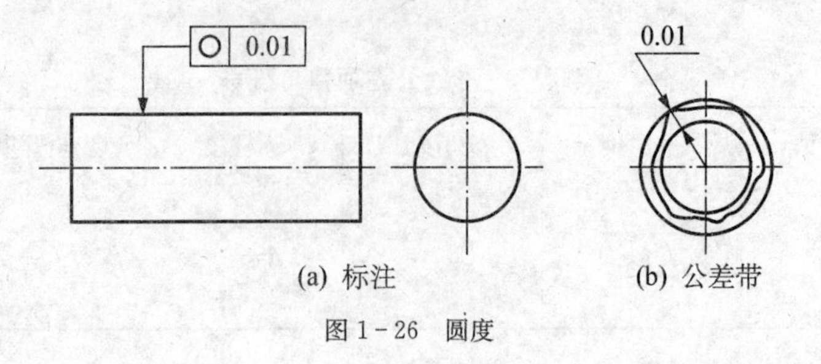


图 1-26　圆度

**3. 位置精度**

位置精度是指零件的实际位置相对于理想位置偏离的程度。位置精度是用位置公差来保证的。位置公差项目和符号如表 1-2 所示。

**表 1-2　位置公差项目与符号**

| 项目 | 平行度 | 垂直度 | 倾斜度 | 位置度 | 同轴度 | 对称度 | 圆跳动 | 全跳动 |
|---|---|---|---|---|---|---|---|---|
| 符号 | // | ⊥ | ∠ | ⌖ | ◎ | ⌯ | ↗ | ⌰ |

(1) 平行度

平行度是指零件被测要素(线或面)相对于基准平行方向所偏离的程度。平行度公差的标注如图 1-27(a)所示。当给定一个方向时,平行度公差带是距离为公差值(如 0.03 mm)且平行于基准平面的两平行面(或线)之间的区域,如图 1-27(b)所示。

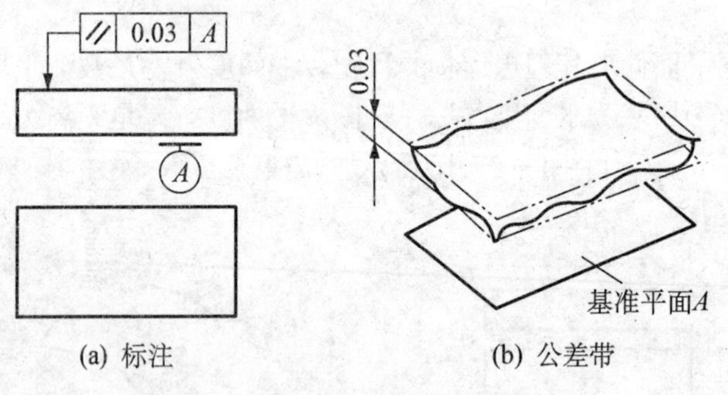


图 1-27　平行度

(2) 垂直度

垂直度是指零件上被测要素(线或面)相对于基准垂直方向所偏离的程度。垂直度误差用垂直度公差保证。垂直度公差的标注如图 1-28(a)所示。当给定一个方向时,垂直度公差带是距离为公差值(如 0.02 mm)且垂直于基准面(或线)的两平行面(或线)之间的区域,如图 1-28(b)所示。

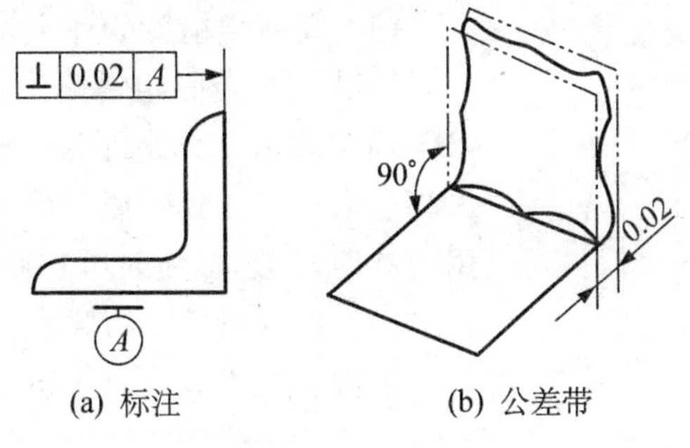

(a) 标注　　(b) 公差带

图 1－28　垂直度

(3) 同轴度

同轴度是指零件上被测轴线相对于基准轴线的偏离程度。同轴度误差是用同轴度公差来保证的。同轴度公差的标注如图 1－29(a)所示。同轴度公差带是以公差值(如 0.03 mm)为直径且与基准轴线同轴的圆柱内的区域，如图 1－29(b)所示。

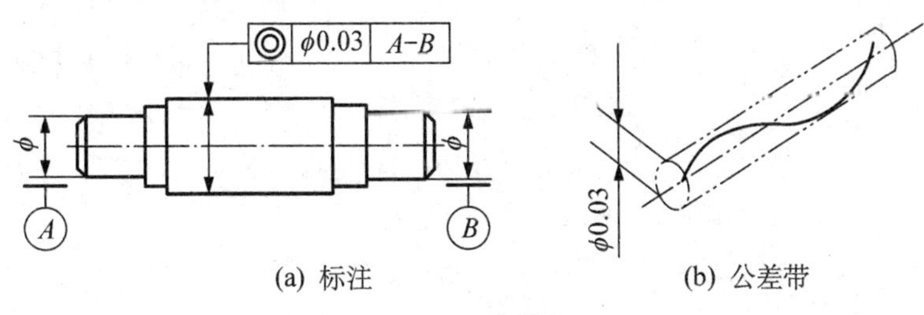

(a) 标注　　(b) 公差带

图 1－29　同轴度

(4) 圆跳动

圆跳动是指在被测圆柱面的任一截面上或端面的任一直径处，在无轴向移动的情况下围绕基准轴线回转一周时沿径向或轴向百分表指针的跳动程度。径向圆跳动与端面圆跳动的标注如图 1－30 所示。

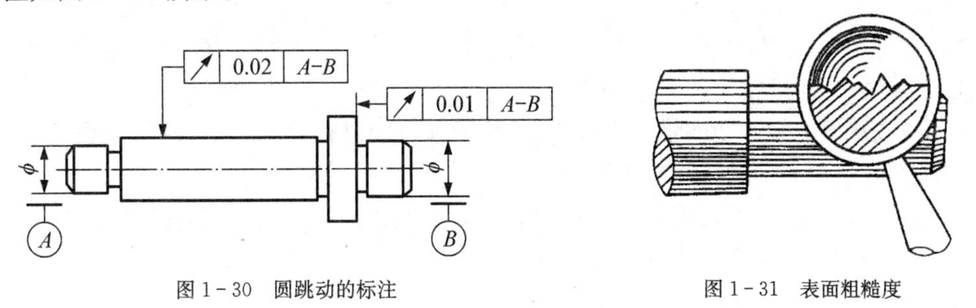

图 1－30　圆跳动的标注　　图 1－31　表面粗糙度

**4. 表面粗糙度**

在切削加工过程中，由于刀具振动、摩擦等原因，使得工件加工表面产生微小的峰谷。这些微小峰谷的高低程度和间距状况称为表面粗糙度。或者从定义上表述，零件加工后表面微观的几何形状误差称为表面粗糙度，如图 1－31 所示。表面粗糙度影响零件的使用性能，如配合的可靠性、疲劳强度、耐腐蚀性、耐磨性、机械结构的灵敏度和传动精度等。

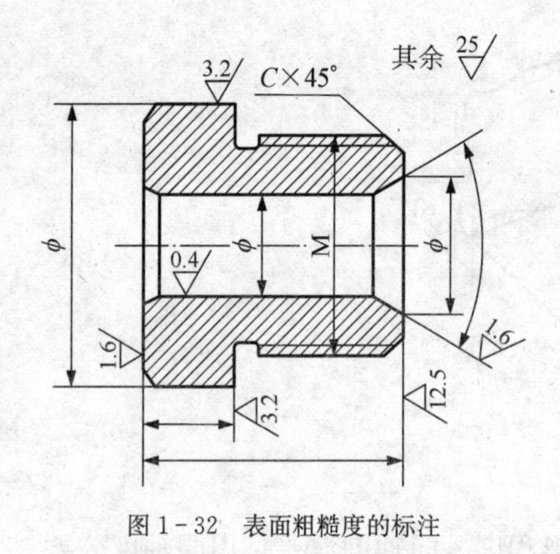

图 1-32　表面粗糙度的标注

(1) 表面粗糙度的评定参数

标准规定表面粗糙度常用的评定参数有:轮廓算术平均偏差 $Ra$ 及微观不平度十点高度 $Rz$ 和轮廓最大高度 $Ry$ 等。其中以轮廓算术平均偏差 $Ra$ 为最常用的评定参数,标注时可省略 $Ra$。

(2) 表面粗糙度的标注

表面粗糙度在图样上的标注如图 1-32 所示。

(3) 表面粗糙度符号参数的含义

表面粗糙度的符号及含义如表 1-3 所示。具体可参阅 GB/T 131—1993《机械制图　表面粗糙度符号、代号及其注法》。

**表 1-3　表面粗糙度的符号及其意义**

| 符　号 | 意　义 |
|---|---|
| | 基本符号,表示表面可用任何方法获得,当不加注粗糙度参数值或有关说明(例如表面处理、局部热处理状况等)时,仅适用于简化代号标注 |
| | 基本符号上加一短划,表示表面是用去除材料的方法获得,例如车、铣、钻、磨、剪切、抛光、腐蚀、电火花加工、气割等 |
| | 基本符号上加一小圆,表示表面是用不去除材料的方法获得,例如铸、锻、冲压变形、热轧、冷轧、粉末冶金等<br>或者是用于保持原供应状况的表面(包括保持上道工序的状况) |
| | 在上述三个符号的长边均可加一横线,用于标注有关参数和说明 |
| | 在上述三个符号上均可加一小圆,表示所有表面具有相同的表面粗糙度要求 |

在实际生产中,最常用的表面粗糙度检测方法是比较法。比较法是将被测表面对照表面粗糙度样板,用肉眼判断或借助于放大镜、比较显微镜进行比较,也可以用手摸、指甲划动的感觉来判断表面粗糙度。选择表面粗糙度样板时,样板材料、表面形状及制造工艺应尽可能与被测工件相同。检测表面粗糙度常用的仪表有台式和便携式表面粗糙度轮廓仪。

**5. 车床安全操作规程与维护保养知识**

(1) 车床安全操作规程

为了确保人身和设备安全,要求实习者在车削加工时,必须遵守车床安全操作规程。

① 工作前必须穿戴好劳动防护用品,长发要塞进帽内。

② 开车前要认真检查机床电器开关闸把是否放在安全可靠位置。

③ 机床运转前,各手柄必须推到正确的位置上,然后低速运转 3～5 min,确认正常后才正式开始工作。

④ 两人共用一台车床时，只能一人操作，并且应注意他人的安全。

⑤ 卡盘扳手使用完毕后，必须及时取下，否则不能起动机床。

⑥ 工作时要精力集中，不允许擅自离开车床或做与车削无关的事。

⑦ 工件和刀具装夹要牢固可靠，床面上不准放工夹量具及其他物件。

⑧ 高速切削时应采用断屑刀具并带好防护眼镜。当铁屑飞溅时要设置防护铁丝网，要保护自己和不伤害他人。

⑨ 不准用嘴去吹盲孔铁屑；不准用砂布缠绕手上砂磨内孔；不准戴手套操作；不准用手捡拿铁屑；不准用手刹住正在旋转的卡盘。

⑩ 当在车床上使用锉刀时，必须使用带柄的锉刀，锉时注意右手在前，左手在后。

⑪ 卡盘、花盘必须有保险装置。车偏心零件时应加配重平衡，严禁高速切削。

⑫ 装夹工件、调整卡盘、校正和测量工件时，必须先停车，并将刀架移到安全位置方可进行。

⑬ 机床运转时，头部不要离工件太近，手和身体不能靠近正在旋转的工件。

⑭ 加工较长零件时，要用跟刀架或中心架。毛坯料从主轴后伸出的长度不得超过200 mm，并应加上醒目标志。

⑮ 卸卡盘时，床面上应垫上木板，以保护导轨、床身。

⑯ 工作结束后，要及时切断电源，清除切屑，养护机床，清扫环境及整理工作场地。

(2) 车床的维护保养知识

为了车床的正常运转和延长其使用寿命，应注意日常的维护保养。车床的摩擦部分必须进行润滑。

主轴箱的储油量通常以油面达到油窗高度为宜。箱内齿轮用溅油法进行润滑；主轴后端轴承用油绳导油润滑；主轴前端轴承等重要润滑部位用往复式油泵润滑。主轴箱上有油窗，如发现油孔内无油输出，说明油泵系统有故障，应立即停车检查，修复后才可以开动机床。

主轴箱、进给箱和溜板箱内的润滑油一般运转 500 h 更换一次。换油时用煤油清洗箱内后再加油。

进给箱内的轴承和齿轮，除了用齿轮溅油法润滑外，还靠进给箱上部的储油池通过油绳导油润滑。因此，除了注意进给箱油标窗口油面高度外，每班还要向储油池加油两次。

床鞍、中滑板、刀架部分、尾座和光杠、丝杠等轴承靠油孔注油润滑，每班加油一次。

挂轮架中间齿轮轴承和溜板箱内换向齿轮的润滑，每周加黄油一次，每天向轴承中旋进一部分黄油。

每班工作后应擦净车床，要求无油污、无铁屑，车床外表面及周围场地清洁整齐。

## 四、技能辅导

### (一) 车刀几何参数的选择

车刀几何参数的选择包括前角、后角、主偏角、副偏角、刃倾角及刀尖圆弧半径的选择。

**1. 车刀前角、后角的选择**

车刀前角的作用主要是影响刀刃的锋利性和刀刃强度，要根据刀具材料和被加工材料的性质来选取，具体可按表 1-4 和表 1-5 来选。

后角的作用是减少后刀面与加工面的摩擦，主要根据加工性质来选取，具体可按表 1-4 和表 1-5 来选。

**表 1-4　高速钢车刀前、后角选择**

| 加工材料 | | 前角 $\gamma_o$(°) | 后角 $\alpha_o$(°) |
|---|---|---|---|
| 钢、铸铁 | $\sigma_b = 400 \sim 500$ MPa | 20～30 | 8～12 |
| | $\sigma_b = 700 \sim 1000$ MPa | 5～10 | 5～8 |
| 镍铬钢和铬钢 | $\sigma_b = 700 \sim 800$ MPa | 5～15 | 5～7 |
| 灰铸铁 | 160～180 HBS | 12 | 6～8 |
| | 220～260 HBS | 6 | 6～8 |
| 铜、铝、巴氏合金 | | 25～30 | 8～12 |
| 中硬青铜及黄铜 | | 10 | 8 |

**表 1-5　硬质合金车刀前、后角选择**

| 加工材料 | | 前角 $\gamma_o$(°) | 后角 $\alpha_o$(°) |
|---|---|---|---|
| 结构钢、合金钢、铸钢 | $\sigma_b < 800$ MPa | 10～15 | 6～8 |
| | $\sigma_b = 800 \sim 1000$ MPa | 5～10 | 6～8 |
| 高强度钢及表面有夹杂的铸钢 | $\sigma_b > 1000$ MPa | −5～−10 | 6～8 |
| 不锈钢 1Cr18Ni9Ti | | 15～30 | 8～10 |
| 淬硬钢 HRC40 以上 | | −5～−10 | 6～8 |
| 铝合金 | | 20～30 | 8～12 |
| 灰铸铁 | | 5～10 | 6～8 |

**2. 主偏角、副偏角的选择**

主偏角的作用主要是影响背吃刀分力（又称切深分力、径向分力）大小，从而影响工艺系统的刚性。主偏角愈小则背吃刀分力愈大，对工艺系统的刚性影响愈大。具体可按表 1-6 来选。

**表 1-6　主偏角的选择**

| 工作条件 | 主偏角 $\kappa_r$(°) |
|---|---|
| 系统刚性较好条件 $\left(\frac{l}{d} < 6\right)$ 下切削 | 30～45 |
| 系统刚性较差条件 $\left(\frac{l}{d} = 6 \sim 12\right)$ 下切削 | 60～75 |
| 系统刚性差条件 $\left(\frac{l}{d} > 12\right)$ 下切削 | 90～93 |

副偏角的主要作用是减少副切削刃与工件已加工表面之间的摩擦。减小 $\kappa_r'$ 有利于改善工件表面粗糙度。副偏角根据加工性质来选。具体可按表 1-7 来选。

**表 1-7 副偏角选择**

| 工作条件 | 副偏角 $\kappa_r'$(°) |
| --- | --- |
| 宽刃车刀及带修光刃车刀 | 0 |
| 粗车 | 10～15 |
| 精车 | 5～10 |

### 3. 刃倾角的选择

刃倾角的主要作用是控制切屑的流出方向。切入时刀刃与工件接触的位置，正的刃倾角刀尖处于切削刃上最高点，故刀尖首先与工件接触，而刀尖强度弱，因此切削力大或有冲击力的情况下应取负的刃倾角。具体可按表 1-8 来选。

**表 1-8 刃倾角的选择**

| 工作条件 | 刃倾角 $\lambda_s$(°) |
| --- | --- |
| 精车 | 0～5 |
| 90°车刀的车削、切断、切槽 | 0 |
| 粗车碳钢 | −5～0 |
| 粗车铸铁 | −10 |
| 断续车削 | −10～−15 |

### 4. 刀尖圆弧半径的选择

刀尖圆弧半径 $r_\varepsilon$ 有利于增加刀尖强度和散热条件，但同时会增大背吃刀分力。可根据加工性质和刀具材料来选择刀尖圆弧半径大小。具体可按表 1-9 来选。

**表 1-9 刀尖圆弧半径的选择**

<table>
<tr><td colspan="2" rowspan="3">车刀种类及材料</td><td rowspan="3">加工性质</td><td colspan="5">车刀尺寸(mm×mm)</td></tr>
<tr><td>12×20</td><td>16×25<br>20×20</td><td>20×30<br>25×25</td><td>25×40<br>30×30</td><td>30×45<br>40×40</td></tr>
<tr><td colspan="5">刀尖圆弧半径 $r_\varepsilon$(mm)</td></tr>
<tr><td rowspan="3">外圆车刀、端面车刀</td><td rowspan="2">高速钢</td><td>粗加工</td><td>1～1.5</td><td>1～1.5</td><td>1.5～2.0</td><td>1.5～2.0</td><td></td></tr>
<tr><td>精加工</td><td>1.5～2.0</td><td>1.5～2.0</td><td>2.0～3.0</td><td>2.0～3.0</td><td></td></tr>
<tr><td>硬质合金</td><td>粗、精加工</td><td>0.3～0.5</td><td>0.4～0.8</td><td>0.5～1.0</td><td>0.5～1.5</td><td>1.0～2.0</td></tr>
<tr><td colspan="3">切断刀、切槽刀</td><td colspan="5">0.2～0.5</td></tr>
</table>

### (二) 车刀的安装

安装车刀的方法如图 1－33 所示。刀体应与工件轴线垂直；刀头伸出方刀架长度应小于 2 倍刀体高度；车刀刀尖应与工件中心等高，装刀时可用顶尖对正，并用刀体下面的垫片调整。垫片要放平，刀尖高低调好后用两个螺钉紧固。车刀必须装正确，装夹牢固，否则很容易飞出伤人。

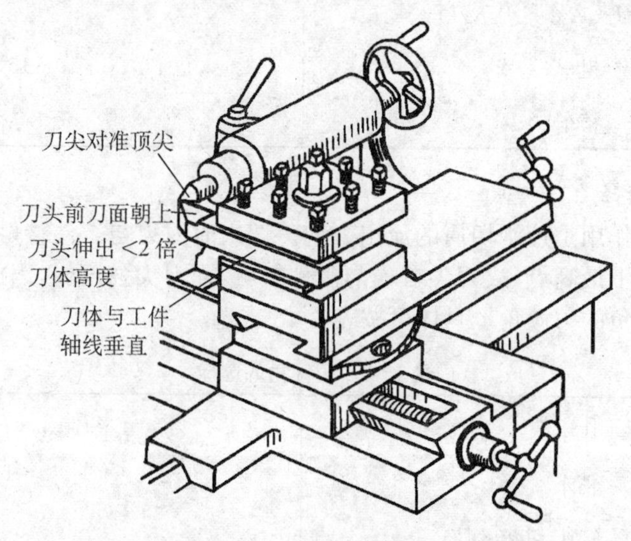


图 1－33　车刀的正确安装

### (三) 车削时切削用量的选择

为了保证加工质量和提高生产率，零件加工应分阶段按粗加工、半精加工和精加工进行。中等精度的零件，一般按粗车—精车的方案进行即可。

粗车的目的是尽快地从毛坯上切去大部分的加工余量，使工件接近要求的形状和尺寸。粗车以提高生产率为主，在生产中加大切削深度，对提高生产率最有利，其次适当加大进给量，而采用中等或中等偏低的切削速度。

精车的目的是保证零件尺寸精度和表面粗糙度的要求。精车是以提高工件的加工质量为主。切削用量应选用较小的背吃刀量和较小的进给量，切削速度可取大些。

**1. 背吃刀量的选择**

粗加工，表面粗糙度为 $Ra$ 50～12.5 时，一次走刀应尽可能切除全部余量。粗车背吃刀量的最大值是由车床功率的大小决定的。中等功率车床可以达到 8～10 mm。若一次切削不能完成，则第一次走刀完成$\frac{4}{5}a_p$，第二次走刀完成$\frac{1}{5}a_p$。

切削若按粗加工、半精加工和精加工分阶段进行，粗加工后要留半精加工和精加工切削余量。外圆车削半精车和精车背吃刀量可按表 1－10 选取。

**2. 进给量选择**

进给量主要根据加工性质来选取。粗加工为提高生产率，应选用较大的进给量；精加工为保证加工质量，应选取较小的进给量。具体可按表 1－11 和表 1－12 来选取。

**表 1-10　外圆车削背吃刀量选择表(端面切深减半)**

| 轴径(mm) | 长度(mm) | | | | | | | | | | | |
|---|---|---|---|---|---|---|---|---|---|---|---|---|
| | ≤100 | | 100～250 | | 250～500 | | 500～800 | | 800～1200 | | 1200～2000 | |
| | 半精 | 精车 | 半精 | 精车 | 半精 | 精车 | 半精 | 精车 | 半精 | 精车 | 半精 | 精车 |
| | $a_p$(mm) | | | | | | | | | | | |
| ≤10 | 0.8 | 0.2 | 0.9 | 0.2 | 1 | 0.3 | — | — | — | — | — | — |
| 10～18 | 0.9 | 0.2 | 0.9 | 0.3 | 1 | 0.3 | 1.1 | 0.3 | — | — | — | — |
| 18～30 | 1 | 0.3 | 1 | 0.3 | 1.1 | 0.3 | 1.3 | 0.4 | 1.4 | 0.4 | — | — |
| 30～50 | 1.1 | 0.3 | 1 | 0.3 | 1.1 | 0.4 | 1.3 | 0.5 | 1.5 | 0.6 | 1.7 | 0.6 |
| 50～80 | 1.1 | 0.3 | 1.1 | 0.4 | 1.2 | 0.4 | 1.4 | 0.5 | 1.6 | 0.6 | 1.8 | 0.7 |
| 80～120 | 1.1 | 0.4 | 1.2 | 0.4 | 1.2 | 0.5 | 1.4 | 0.5 | 1.6 | 0.6 | 1.9 | 0.7 |
| 120～180 | 1.2 | 0.5 | 1.2 | 0.5 | 1.3 | 0.6 | 1.5 | 0.6 | 1.7 | 0.7 | 2 | 0.8 |
| 180～260 | 1.3 | 0.5 | 1.3 | 0.6 | 1.4 | 0.6 | 1.6 | 0.7 | 1.8 | 0.8 | 2 | 0.9 |
| 260～360 | 1.3 | 0.6 | 1.4 | 0.6 | 1.5 | 0.7 | 1.7 | 0.7 | 1.9 | 0.8 | 2.1 | 0.9 |
| 360～500 | 1.4 | 0.7 | 1.5 | 0.7 | 1.5 | 0.8 | 1.7 | 0.8 | 1.9 | 0.9 | 2.2 | 1 |

**表 1-11　硬质合金及高速钢车刀粗车外圆和端面进给量选择**

| 加工材料 | 刀杆尺寸 B×H (mm×mm) | 工件直径 (mm) | 背吃刀量 $a_p$(mm) | | | | |
|---|---|---|---|---|---|---|---|
| | | | ≤3 | 3～5 | 5～8 | 8～12 | 12 以上 |
| 碳素结构钢、合金结构钢 | 16×25 | 20 | 0.3～0.4 | — | — | — | — |
| | | 40 | 0.4～0.5 | 0.3～0.4 | — | — | — |
| | | 60 | 0.5～0.7 | 0.4～0.6 | 0.3～0.5 | — | — |
| | | 100 | 0.6～0.9 | 0.5～0.7 | 0.5～0.8 | 0.4～0.6 | — |
| | 20×30<br>25×25 | 20 | 0.3～0.4 | — | — | — | — |
| | | 40 | 0.4～0.5 | 0.3～0.4 | — | — | — |
| | | 60 | 0.5～0.7 | 0.5～0.7 | 0.4～0.6 | — | — |
| | | 100 | 0.8～1.0 | 0.7～0.9 | 0.5～0.7 | 0.4～0.5 | — |
| | | 600 | 1.2～1.4 | 1.0～1.2 | 0.8～1.0 | 0.6～0.8 | 0.4～0.5 |
| | 25×40 | 60 | 0.6～0.9 | 0.5～0.8 | 0.4～0.7 | — | — |
| | | 100 | 0.8～1.2 | 0.7～1.1 | 0.6～0.9 | 0.5～0.8 | — |
| | | 1000 | 1.2～1.5 | 1.1～1.5 | 0.9～1.2 | 0.8～1.0 | 0.7～0.8 |

续 表

| 加工材料 | 刀杆尺寸 B×H (mm×mm) | 工件直径 (mm) | 背吃刀量 $a_p$(mm) | | | | |
|---|---|---|---|---|---|---|---|
| | | | ≤3 | 3～5 | 5～8 | 8～12 | 12 以上 |
| 铸铁、铜合金 | 16×25 | 40 | 0.4～0.5 | — | — | — | — |
| | | 60 | 0.6～0.8 | 0.5～0.8 | 0.4～0.6 | — | — |
| | | 100 | 0.8～1.2 | 0.7～1.0 | 0.6～0.8 | 0.5～0.7 | — |
| | 20×30<br>25×25 | 40 | 0.4～0.5 | — | — | — | — |
| | | 60 | 0.5～0.9 | 0.5～0.8 | 0.4～0.7 | — | — |
| | | 100 | 0.9～1.2 | 0.8～1.2 | 0.7～1.0 | 0.5～0.8 | — |
| | | 600 | 1.2～1.8 | 1.2～1.6 | 1.0～1.3 | 0.9～1.1 | 0.7～0.9 |
| | 25×40 | 60 | 0.6～0.8 | 0.5～0.8 | 0.4～0.7 | — | — |
| | | 100 | 1.0～1.4 | 0.9～1.2 | 0.8～1.0 | 0.6～0.9 | — |
| | | 1000 | 1.5～2.0 | 1.2～1.6 | 1.0～1.4 | 1.0～1.2 | 0.8～1.0 |

**表 1-12　硬质合金外圆车刀半精车、精车进给量选择**

| 工件材料 | 表面粗糙度 | 切削速度范围 (m/min) | 刀尖圆弧半径 $r_\varepsilon$(mm) | | |
|---|---|---|---|---|---|
| | | | 0.5 | 1.0 | 2.0 |
| | | | 进给量(mm/r) | | |
| 铸铁、有色金属 | 6.3 | 不限 | 0.25～0.40 | 0.40～0.50 | 0.50～0.60 |
| | 3.2 | | 0.15～0.25 | 0.25～0.40 | 0.40～0.60 |
| | 1.6 | | 0.10～0.15 | 0.10～0.20 | 0.20～0.35 |
| 碳钢、合金钢 | 6.3 | <50 | 0.30～0.50 | 0.45～0.60 | 0.55～0.70 |
| | | >50 | 0.40～0.50 | 0.55～0.60 | 0.65～0.70 |
| | 3.2 | <50 | 0.15～0.25 | 0.25～0.30 | 0.30～0.40 |
| | | >50 | 0.25～0.30 | 0.30～0.35 | 0.35～0.50 |
| | 1.6 | <50 | 0.10 | 0.12～0.15 | 0.15～0.22 |
| | | 50～100 | 0.11～0.16 | 0.16～0.25 | 0.25～0.35 |
| | | >100 | 0.16～0.20 | 0.20～0.25 | 0.25～0.35 |

### 3. 切削速度的选择

切削速度快则生产率高，但切削速度也会影响切削时的切削温度，切削速度快则加工时切削温度高，刀具磨损快，因此要在保证生产率的前提下兼顾刀具寿命，应选择一个合适的切削速度，选择时可按表 1-13 来选取。

表 1－13 车削切削速度参考数值表

| 加工材料 | | 硬度 | 背吃刀量 $a_p$(mm) | 高速钢刀具 | | 硬质合金刀具 | | |
|---|---|---|---|---|---|---|---|---|
| | | | | $v_c$(m/min) | $f$(mm/r) | $v_c$(m/min) | $f$(mm/r) | 材料 |
| 易切碳钢 | 低碳 | 100～200 | 1 | 55～90 | 0.18～0.2 | 185～240 | 0.18 | YT15 |
| | | | 4 | 41～70 | 0.4 | 135～185 | 0.5 | YT14 |
| | | | 8 | 34～55 | 0.5 | 110～145 | 0.75 | YT5 |
| | 中碳 | 175～225 | 1 | 52 | 0.2 | 165 | 0.18 | YT15 |
| | | | 4 | 40 | 0.4 | 125 | 0.5 | YT14 |
| | | | 8 | 30 | 0.5 | 100 | 0.75 | YT5 |
| 碳钢 | 低碳 | 100～200 | 1 | 43～46 | 0.18 | 140～150 | 0.18 | YT15 |
| | | | 4 | 34～38 | 0.4 | 115～125 | 0.5 | YT14 |
| | | | 8 | 27～30 | 0.5 | 88～100 | 0.75 | YT5 |
| | 中碳 | 175～225 | 1 | 34～40 | 0.18 | 115～130 | 0.18 | YT15 |
| | | | 4 | 23～30 | 0.4 | 90～100 | 0.5 | YT14 |
| | | | 8 | 20～26 | 0.5 | 70～78 | 0.75 | YT5 |
| | 高碳 | 175～225 | 1 | 30～37 | 0.18 | 115～130 | 0.18 | YT15 |
| | | | 4 | 24～27 | 0.4 | 88～95 | 0.5 | YT14 |
| | | | 8 | 18～21 | 0.5 | 69～76 | 0.75 | YT5 |
| 合金钢 | 低碳 | 125～225 | 1 | 41～46 | 0.18 | 135～150 | 0.18 | YT15 |
| | | | 4 | 32～37 | 0.4 | 105～120 | 0.5 | YT14 |
| | | | 8 | 24～27 | 0.5 | 84～95 | 0.75 | YT5 |
| | 中碳 | 175～225 | 1 | 34～41 | 0.18 | 105～115 | 0.18 | YT15 |
| | | | 4 | 26～32 | 0.4 | 85～90 | 0.4～0.5 | YT14 |
| | | | 8 | 20～24 | 0.5 | 67～73 | 0.5～0.75 | YT5 |
| | 高碳 | 175～225 | 1 | 30～37 | 0.18 | 105～115 | 0.18 | YT15 |
| | | | 4 | 24～27 | 0.4 | 84～90 | 0.5 | YT14 |
| | | | 8 | 17～21 | 0.5 | 66～72 | 0.75 | YT5 |
| 灰铸铁 | | 160～260 | 1 | 26～43 | 0.18 | 84～135 | 0.18～0.25 | YG8，YW2 |
| | | | 4 | 17～27 | 0.4 | 69～110 | 0.4～0.5 | |
| | | | 8 | 14～23 | 0.5 | 60～90 | 0.5～0.75 | |

| 加工材料 | 硬度 | 背吃刀量 $a_p$(mm) | 高速钢刀具 | | 硬质合金刀具 | | |
|---|---|---|---|---|---|---|---|
| | | | $v_c$(m/min) | $f$(mm/r) | $v_c$(m/min) | $f$(mm/r) | 材料 |
| 可锻铸铁 | 160～240 | 1 | 30～40 | 0.18 | 120～160 | 0.25 | YW1，YT15 |
| | | 4 | 23～30 | 0.4 | 90～120 | 0.5 | YW1，YT15 |
| | | 8 | 18～24 | 0.5 | 76～100 | 0.75 | YW2，YT14 |
| 铝合金 | 30～150 | 1 | 245～305 | 0.18 | 550～610 | 0.25 | YG3X，YW1 |
| | | 4 | 215～275 | 0.4 | 425～550 | 0.5 | YG6，YW1 |
| | | 8 | 185～245 | 0.5 | 305～365 | 1 | YG6，YW1 |
| 铜合金 | | 1 | 40～175 | 0.18 | 84～345 | 0.18 | YG3X，YW1 |
| | | 4 | 34～145 | 0.4 | 69～290 | 0.5 | YG6，YW1 |
| | | 8 | 27～120 | 0.5 | 64～270 | 0.75 | YG8，YW2 |

**(四) 车端面**

车端面通常用90°偏刀和45°弯头车刀。安装车刀时要求刀尖严格对准工件中心。如果刀尖高于或低于工件中心，不仅端面中间会留下凸台，而且还会损坏刀尖。由于车刀是垂直进刀车削的，工件直径不断变化会引起切削速度的变化，所以要适当地调整转速。如果是由外向里车削，转速可以略提高一些。车削直径较大的端面时，应将方刀架与床鞍紧固(利用开合螺母进行锁紧，丝杠不能转动)在一起。利用小滑板手柄调整背吃刀量，可以避免工件中心出现凸台或凹槽现象。

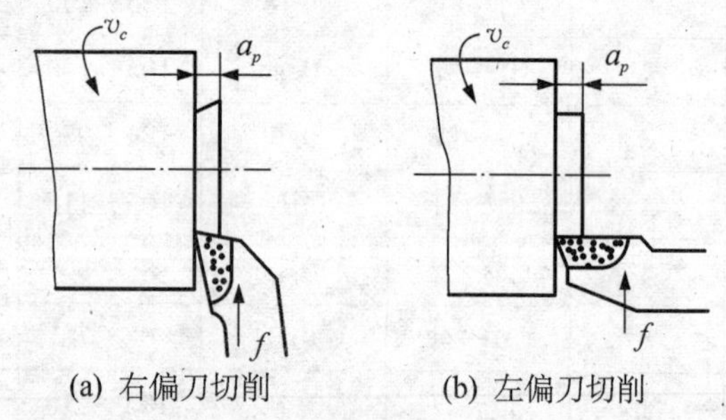


(a) 右偏刀切削　(b) 左偏刀切削

图1-34　车端面

(1) 用90°偏刀车端面　车刀安装时，应使主偏角大于90°，以保证车出的端面与工件轴线相垂直。如果采用右偏刀由外圆向中心进给车端面(图1-34(a))，原副切削刃变为主切削刃，切削不顺利，当背吃刀量较大时，刀尖扎入端面，使车出的端面成凹面。要克服这个缺点，可以采用左偏刀由外圆向中心进给车端面(图1-34(b))，这时用主切削刃切削，切削力与轴线垂直，所以不会产生凹面，而且能得到较高的加工质量。

(2) 用45°车刀车端面　45°车刀是利用主切刃进行切削的，工件表面粗糙度值较小。车

刀的刀尖角 $\varepsilon_r = 90°$，刀头强度比偏刀高，适用于车削较大的平面，并能车削外圆和倒角。

**(五) 车外圆柱面**

**1. 外圆直径尺寸的控制**

外圆直径尺寸的控制方法可以采用试切和中滑板上的刻度盘。试切的方法和步骤如图1－35所示。车外圆时，只靠刻度盘进刀是不行的，因为刻度盘和丝杠都有误差，所以必须进行试切。通常以稍小于工件的余量进刀，当车刀在纵向外圆上车削2 mm左右时，纵向快速退出车刀(横向不动)；然后停车测量，如尺寸已符合要求就可切削了，否则可以按图1－35所示继续试切，直到尺寸合格才进行车削。

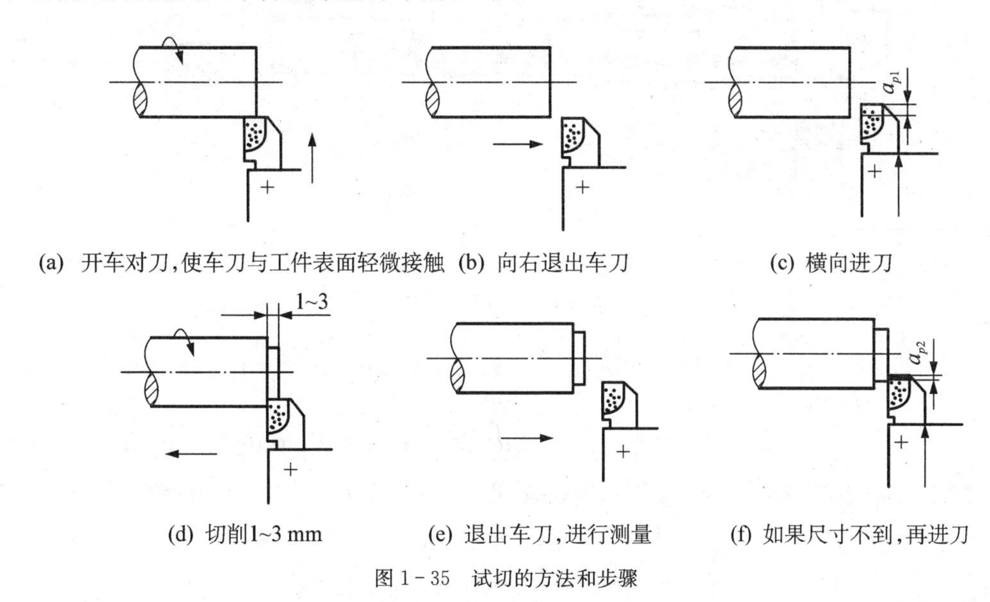


(a) 开车对刀，使车刀与工件表面轻微接触 (b) 向右退出车刀 (c) 横向进刀

(d) 切削1~3 mm (e) 退出车刀，进行测量 (f) 如果尺寸不到，再进刀

图1－35 试切的方法和步骤

中滑板的刻度盘装在横向进给丝杠上，当摇动横向进给丝杠转一圈时，刻度盘也转了一圈。此时固定在中滑板上的螺母就带动中滑板、车刀移动了一个导程。CA6140车床横向进给丝杠导程为5 mm，刻度盘分为100格，当摇动丝杠一周时，中滑板就移动5 mm，当刻度盘转过一格时，中滑板移动量为5/100 mm = 0.05 mm。注意，此时被加工工件的直径减少了0.1 mm。

摇动或自动进给做纵向移动车削外圆，车削完毕，横向退出车刀，再纵向移动床鞍至工件右端进行下一次车削。

**2. 长度尺寸的控制**

长度尺寸的控制可利用床鞍上的刻度盘，床鞍的刻度装置在与大手轮相联的齿轮上，一般为1 mm/格，可用来控制车削外圆第一刀时的长度。

使用刻度盘时，由于丝杠和丝杠螺母之间配合往往存在间隙，因此会产生空行程(刻度盘转动而滑板并未移动)，使用时必须消除间隙。

**(六) 游标卡尺使用方法**

游标卡尺是一种结构简单、中等精度的量具，可以直接量出工件外径、内径、长度和深度

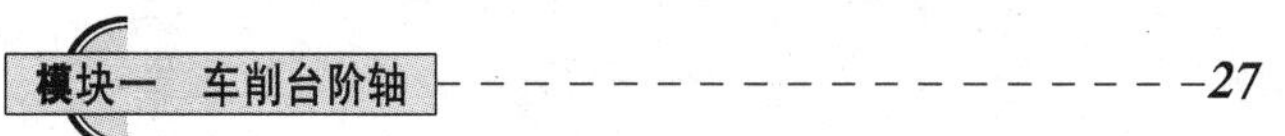

的尺寸，其结构如图 1－36 所示。游标卡尺由尺身和游标组成。尺身与固定卡脚制成一体，游标和活动卡脚制成一体，并能在尺身上滑动。游标卡尺的测量精度有 0.02 mm、0.05 mm、0.1 mm三种。

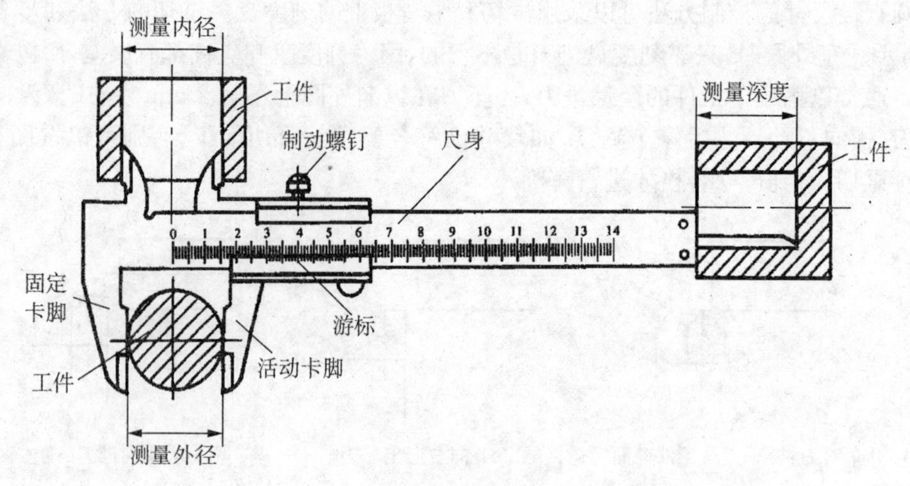


图 1－36　游标卡尺

主尺按 1 mm 为格距，刻有尺寸刻度。其刻度全长即为游标卡尺的规格，如 125 mm、200 mm、300 mm 等。

游标（副尺）可沿主尺移动，其活动卡脚和主尺上的固定卡脚相配合，以测量工件的尺寸。游标上有游标刻度，其格距随测量精度而定，常用的有 (1－1/50)mm＝0.98 mm，游标刻度为 50 格，精度为 0.02 mm，其刻线原理及读数方法如表 1－14 所示。

**表 1－14　游标卡尺的刻线原理及读数方法**

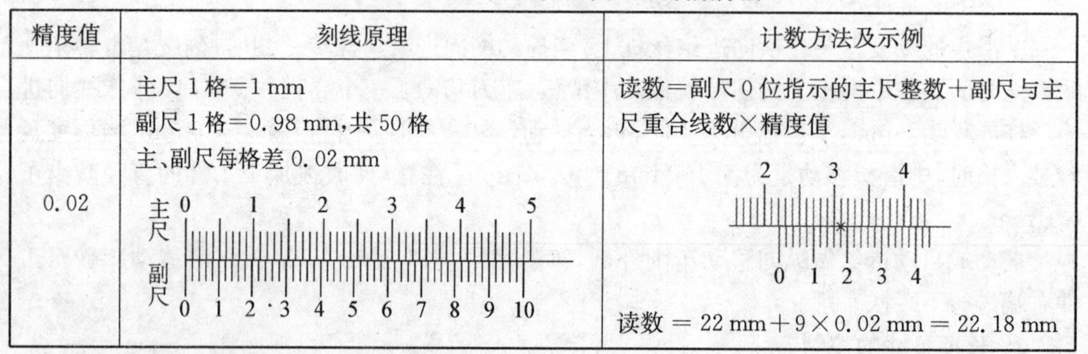

| 精度值 | 刻线原理 | 计数方法及示例 |
| --- | --- | --- |
| 0.02 | 主尺 1 格＝1 mm<br>副尺 1 格＝0.98 mm，共 50 格<br>主、副尺每格差 0.02 mm | 读数＝副尺 0 位指示的主尺整数＋副尺与主尺重合线数×精度值<br>读数 ＝ 22 mm＋9×0.02 mm ＝ 22.18 mm |

游标卡尺使用注意事项：

(1) 测量前应将被测工件表面擦净，同时检查游标卡尺尺身和游标上的零刻线是否对齐，否则应先标定后再使用。

(2) 游标卡尺不能测量旋转中的工件。

(3) 绝对禁止把游标卡尺的两个量爪当作扳手或刻线工具使用。

(4) 游标卡尺受到损伤后，绝对不允许用手锤、锉刀等工具自行修理，应交专门修理部门修理，经检定合格后才能使用。

**(七) 外圆车刀的刃磨**

车刀用钝后必须刃磨。手工刃磨是在砂轮机上进行。方法如图 1-37 所示。步骤如下：

(1) 磨主后刀面(如图 1-37(a)所示)

① 按主偏角大小使刀柄向左偏斜。

② 按后角大小，使刀头向上翘。

③ 使主后刀面自下而上，慢慢接触砂轮。

(2) 磨副后刀面(如图 1-37(b)所示)

① 按副偏角大小，使刀柄向右偏斜。

② 按副后角大小，使刀头向上翘。

③ 使副后刀面自下而上，慢慢接触砂轮。

(3) 磨前刀面(如图 1-37(c)所示)

① 刀柄尾部下倾。

② 按前角大小倾斜前刀面。

③ 使切削刃与刀柄底平面平行或倾斜一定角度。

④ 使前刀面自下而上慢慢接触砂轮。

(4) 磨刀尖过渡刃(如图 1-37(d)所示)

① 刀尖上翘，使过渡刃处有后角。

② 左右移动或摆动刃磨。

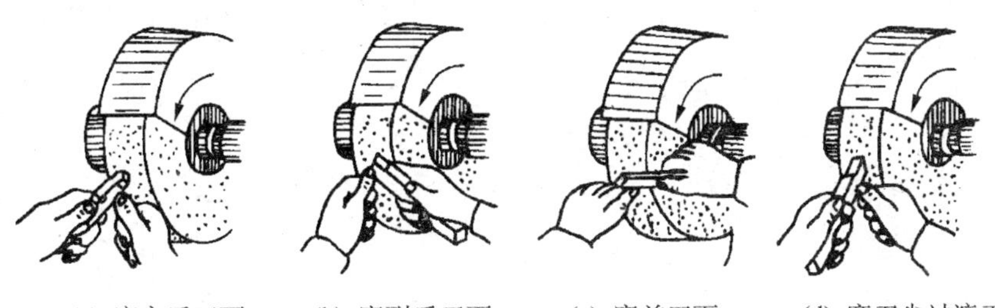

(a) 磨主后刀面　(b) 磨副后刀面　(c) 磨前刀面　(d) 磨刀尖过渡刃

图 1-37　车刀的刃磨步骤

经过刃磨的车刀，用油石加少量机油对刀刃进行研磨，可以提高刀具的耐用度和加工工件的表面质量。

车刀刃磨注意事项：

① 根据刀具材料选用砂轮。如刃磨高速钢车刀应选用氧化铝砂轮，刃磨硬质合金车刀则选用碳化硅砂轮。

② 刃磨时，两手应握稳车刀，刀柄要紧靠支架，并使被磨表面轻贴砂轮，用力不能过猛，以免挤碎砂轮造成事故。

③ 刃磨时，刀具应在砂轮圆周上左右移动或前后移动，让砂轮均匀磨耗而不出现沟槽。

④ 不要在砂轮两侧面上粗磨车刀，以免砂轮受力偏摆、跳动甚至破碎。

⑤ 刃磨硬质合金车刀时不要蘸水，以免刀片收缩变形产生裂纹而影响使用。刃磨高速钢车刀时，则需要及时蘸水冷却，这样刀头不会因磨削时温度升高而产生退火现象。

⑥ 不要站在砂轮机正面刃磨车刀，以防砂轮崩裂伤人。

⑦ 刃磨工作完毕，应随手关闭电源。

# 机械加工技能实训

## 工作任务书

### 模块一　车削台阶轴

单　　位：______________________________

部　　门：______________________________

班　　级：______________________________

姓　　名：______________________________

学号(工号)：______________________________

起讫日期：______________________________

指导教师：______________________________

## 任务1　车削台阶轴

### 一、回答导向问题

1. 车床由哪些部分组成？主要作用是什么？

2. 常用硬质合金刀具材料有哪些？各用在什么场合？

3. 结合一外圆车刀说出车刀的组成。

4. 外圆车削如何选择背吃刀量？

5. 车削外圆时如何控制直径及长度？

6. 游标卡尺如何读数？

7. 刃磨外圆车刀时有哪些注意事项？

### 二、制订工作计划

运用所学的知识与技能，完成台阶轴车削工作计划，并填入表 1－1 中。

表 1－1　台阶轴车削工作计划表

| 序号 | 加工内容 | 工艺装备 | | | 切削用量 | | |
|---|---|---|---|---|---|---|---|
| | | 机床 | 工具 | 量具 | 切削速度 | 进给量 | 背吃刀量 |
| | | | | | | | |
| | | | | | | | |
| | | | | | | | |
| | | | | | | | |

续　表

| 序号 | 加工内容 | 工艺装备 | | | 切削用量 | | |
|---|---|---|---|---|---|---|---|
| | | 机床 | 工具 | 量具 | 切削速度 | 进给量 | 背吃刀量 |
| | | | | | | | |
| | | | | | | | |
| | | | | | | | |
| | | | | | | | |
| | | | | | | | |
| | | | | | | | |
| | | | | | | | |

## 三、小组决策

由组长组织小组成员讨论，综合小组成员制订的台阶轴车削工作计划，确定本小组台阶轴车削工作计划，并填入表1-2中。

**表1-2　小组台阶轴车削工作计划表**

| 小组成员 | | | | | 组长 | | |
|---|---|---|---|---|---|---|---|
| 序号 | 加工内容 | 工艺装备 | | | 切削用量 | | |
| | | 机床 | 刀具 | 量具 | $v_c$ | $f$ | $a_p$ |
| | | | | | | | |
| | | | | | | | |
| | | | | | | | |
| | | | | | | | |
| | | | | | | | |
| | | | | | | | |
| | | | | | | | |
| | | | | | | | |
| | | | | | | | |
| | | | | | | | |
| 指导教师审核签名 | | | | 日期 | | | |

## 四、严格遵守机床操作规定，独立完成台阶轴车削加工

### 1. 工量具准备

写出完成台阶轴车削所需的工量具，填入表1-3中。

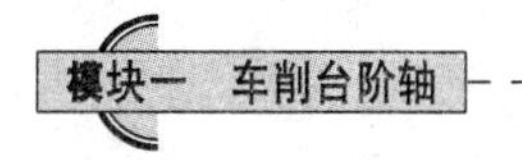

表 1-3　工量具清单

| 序号 | 名称 | 规格 | 数量(/人、/组) |
| --- | --- | --- | --- |
| 1 | | | |
| 2 | | | |
| 3 | | | |
| … | | | |

**2. 车削加工**

按小组制订的台阶轴车削工作计划表，完成台阶轴车削加工，并填写生产过程记录表(表 1-4)和工作日志(表 1-5)。

表 1-4　生产过程记录表

| 序号 | 项目 | 完成情况 | | |
| --- | --- | --- | --- | --- |
| | | 自检记录 | 组内评价 | 指导教师评价 |
| 1 | 车床基本操作 | | | |
| 2 | 工件装夹 | | | |
| 3 | 车削端面 | | | |
| 4 | 车削外圆 | | | |
| 5 | 掉头装夹工件 | | | |
| 6 | 车另一端面 | | | |
| 7 | 车外圆 | | | |
| 8 | 检测 | | | |
| 9 | 安全文明生产 | | | |

表 1-5 工作日志

| 日期 | 工作任务/工作阶段 | 遇到的问题和困难 | 问题的解决 |
|---|---|---|---|
| | | | |
| | | | |
| | | | |
| | | | |
| | | | |
| 备注： | | | |

**3. 安全文明生产**

遵守劳动纪律，进行安全文明生产，在实习生产过程中若有违反安全文明生产的情况，记录在表 1-6 中。

表 1-6 安全文明生产记录表

| 违反安全文明生产情况记录 | 本人签名 | 组长签名 | 指导教师签名 |
|---|---|---|---|
| | | | |

## 五、检查与评价

**1. 自我评价与小组评价**

对车削的台阶轴工件按项目进行检测，对自己及组内成员完成的工作任务进行客观评价，并填写表 1-7。

表 1-7 自我评价与小组评价表

| 序号 | 项目与技术要求 | 配分 | 自检结果 | 组内互评结果 |
|---|---|---|---|---|
| 1 | 直径 $\phi30\pm0.1$ | 20 | | |
| 2 | 直径 $\phi26\pm0.1$ | 20 | | |

续 表

| 序号 | 项目与技术要求 | 配分 | 自检结果 | 组内互评结果 |
| --- | --- | --- | --- | --- |
| 3 | 长度 30±0.05 | 20 | | |
| 4 | 长度 50±0.1 | 20 | | |
| 5 | 表面粗糙度 *Ra* 3.2、*Ra* 6.3 | 10 | | |
| 6 | 倒角 *C*1 三处 | 10 | | |
| 7 | 安全文明生产 | 违者酌情扣分 | | |
| 总计 | | 100 | | |
| 本人签名 | | 组长签名 | | |

**2. 教师评价**

结合学生加工完成的台阶轴工件及安全文明生产，完成本次任务评价，并填入表 1－8 中。

**表 1－8　台阶轴车削质量检测表**

| 序号 | 检验项目 | 技术要求 | 测量工具 | 测量结果 | 得分 |
| --- | --- | --- | --- | --- | --- |
| 1 | 直径 | $\phi$30±0.1 | 0～150 mm 游标卡尺 | | |
| 2 | 直径 | $\phi$26±0.1 | 0～150 mm 游标卡尺 | | |
| 3 | 长度 | 30±0.05 | 0～150 mm 游标卡尺 | | |
| 4 | 长度 | 50±0.1 | 0～150 mm 游标卡尺 | | |
| 5 | 表面粗糙度 | *Ra* 3.2、*Ra* 6.3 | 粗糙度样板 | | |
| 6 | 倒角 | *C*1 三处 | | | |
| 7 | 安全文明生产 | | | | |
| 总计得分 | | | | | |
| 检验结果 | 合格□　不合格□ | | 指导教师 | | |

**3. 成绩汇总**

综合自我评价及组内互评、教师评价确定组内成员本次工作任务的综合成绩，并填入表 1－9 中。

**表 1－9　综合成绩统计表**

| 个人评价 30% | 组内互评 40% | 教师评价 30% | 综合成绩 |
| --- | --- | --- | --- |
| | | | |

## 六、反思与提高

从制订工作计划、零件加工制作及检查评价结果三个方面对存在的问题进行反思，寻求解决方法，持续改进，完成表 1－10。

表 1－10　问题分析表

| 存在问题 | 产生原因 | 解决方法 |
| --- | --- | --- |
|  |  |  |
|  |  |  |
|  |  |  |

# 模块二　车削圆球手柄

**知识目标**

1. 了解成形车刀的种类与结构；
2. 了解切槽刀种类与结构；
3. 了解花纹的种类与主要参数；
4. 了解常用的成形面车削方法。

**技能目标**

1. 能用双手控制法车圆球面或其他回转体成形面；
2. 能按要求进行滚花加工；
3. 能按切槽要求刃磨切槽刀，并能正确切槽。

## 任务　车削圆球手柄

### 一、工作任务

车削如图 2-1 所示圆球手柄工件。

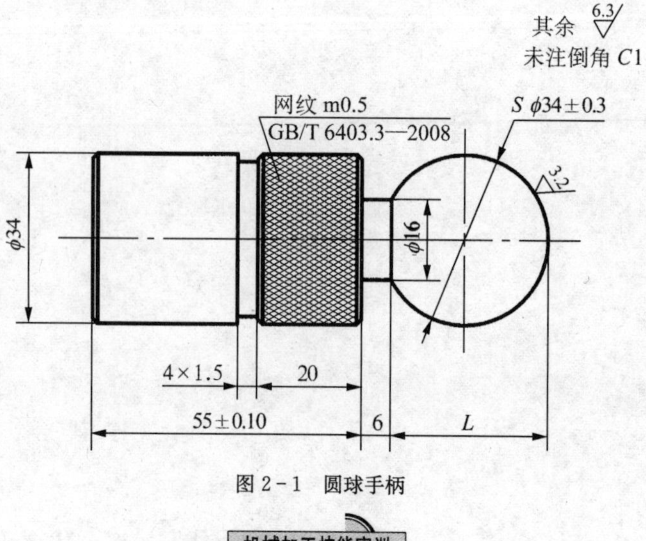

图 2-1　圆球手柄

## 二、任务分析

图 2－1 所示圆球手柄主要由圆形球头及带滚花圆柱面等几何要素构成，任务难点是球面车削加工。通过编制该零件加工工艺和完成该零件车削加工任务，帮助学生学习掌握球面车削及检测方法、滚花加工方法、车槽与切断加工方法等，训练车削加工与测量操作基本技能。

## 三、知识链接

**1. 花纹种类及参数**

滚花是在金属制品的捏手处或其他工件外表面滚压花纹的机械工艺，主要是防滑用，可分为直纹滚花和网纹滚花，如图 2－2 所示，并有粗细之分。花纹的粗细由模数 $m$ 来决定，滚花的标准见表 2－1 滚花的尺寸规格表。

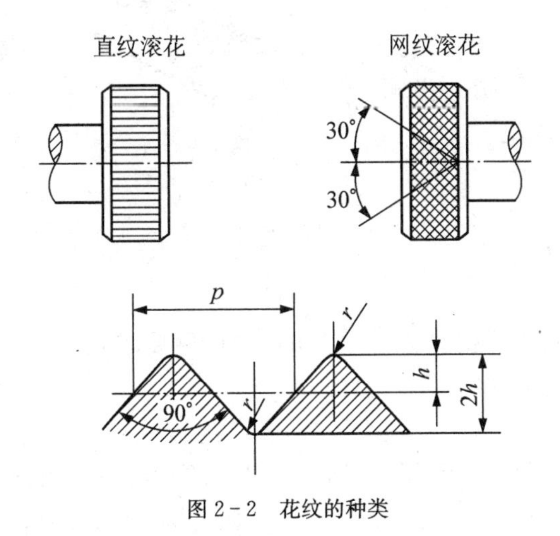


图 2－2　花纹的种类

**表 2－1　滚花的尺寸规格表**　　(mm)

| 模数 $m$ | $h$ | $r$ | 节距 $P$ |
|---|---|---|---|
| 0.2 | 0.132 | 0.06 | 0.628 |
| 0.3 | 0.198 | 0.09 | 0.942 |
| 0.4 | 0.264 | 0.12 | 1.257 |
| 0.5 | 0.326 | 0.16 | 1.571 |

注：表中 $h = 0.785m - 0.414r$。

标记示例：模数 $m = 0.3$ mm 直纹滚花：直纹 m0.3 GB/T 6403.3—2008

滚花的花纹粗细根据工件直径和宽度大小来选择。工件直径和宽度大，选择的花纹要粗，反之，应选择较细的花纹。

### 2. 成形车刀

成形车刀又称样板刀，是一种专用刀具，其刃形根据工件要求的廓形设计，其主要用在车床上加工内外回转体成形表面。用成形车刀加工时，工件廓形是由刀具切削刃一次切成的(如图 2－3 所示用成形车刀车球面)，同时作用的切削刃长，生产率高；工件廓形由刀具截形来保证，被加工工件表面形状、尺寸一致性好，质量稳定。

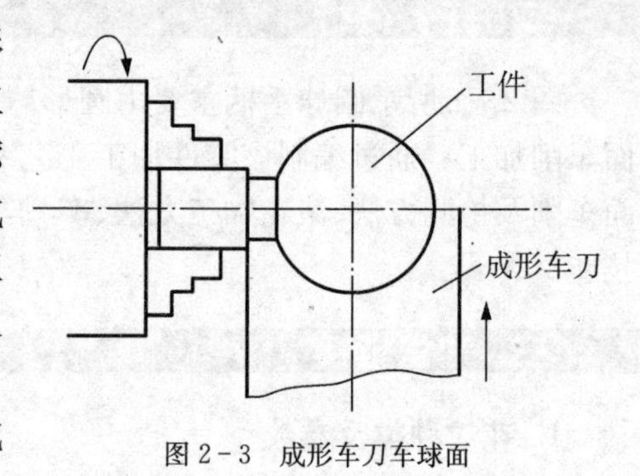

图 2－3 成形车刀车球面

常见成形车刀的种类有普通成形车刀、棱形成形车刀和圆体成形车刀，如图 2－4 所示。

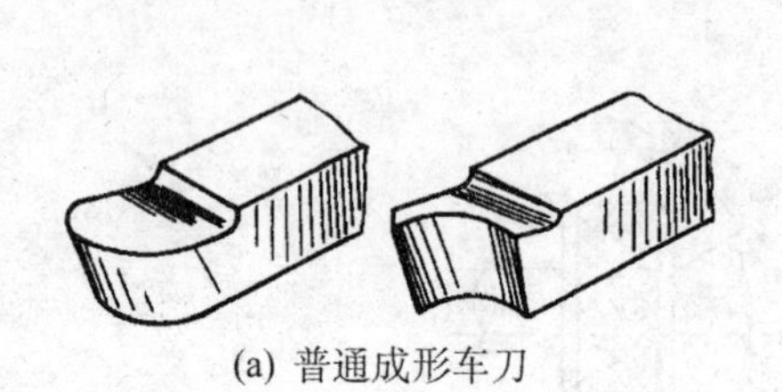
(a) 普通成形车刀

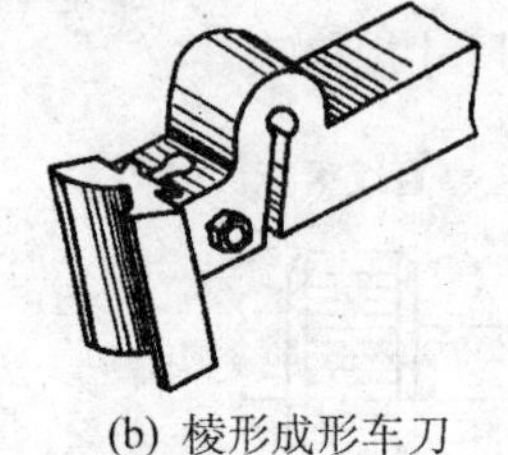
(b) 棱形成形车刀

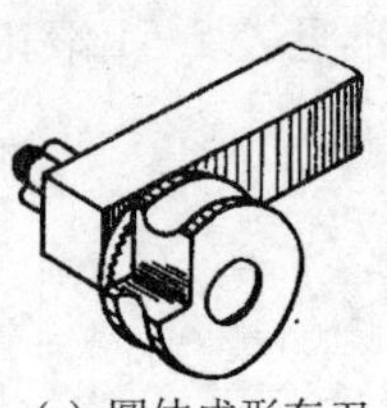
(c) 圆体成形车刀

图 2－4 成形车刀的种类

(1) 普通成形车刀

这种成形车刀与普通车刀相似(图 2－4(a))。精度要求较低时，可用手工刃磨；精度要求较高时，可在工具磨床上刃磨。

(2) 棱形成形车刀

这种成形车刀由刀头和刀杆两部分组成(图 2－4(b))。刀头的切削刃按工件形状在工具磨床上用成形砂轮磨削，可制造得很精确。前刀面上磨出径向前角($\gamma_p$)和径向后角($\alpha_p$)，如图 2－5(a)。后部的燕尾块装夹在弹性刀杆的燕尾槽中，用螺钉紧固。刀杆上的燕尾槽做成倾斜($\alpha_p$)，棱形成形车刀装上后，就产生了径向后角 $\alpha_p$ 并保证了径向前角 $\gamma_p$，见图 2－5(b)。棱形成形车刀磨损后，只需刃磨前刀面，并将刀头稍向上升起，直至刀头无法夹住为止。这种成形车刀精度高，使用寿命较长，但制造比较复杂。

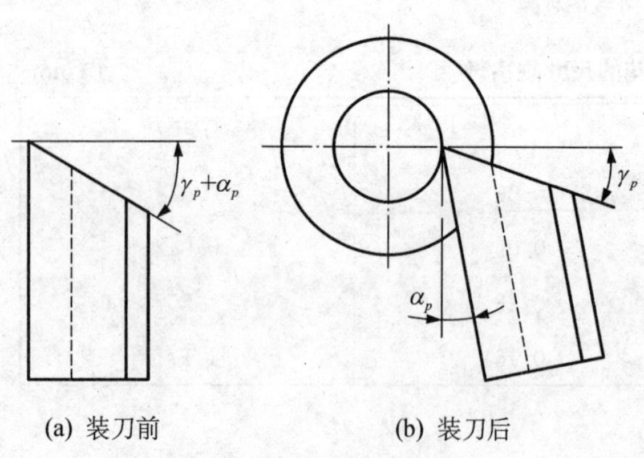

(a) 装刀前　　(b) 装刀后

图 2－5 棱形成形车刀的径向前角和后角

(3) 圆体成形车刀

这种成形车刀做成圆轮形，在圆轮上开有缺口，使它形成前刀面和主切削刃，见图 2－

4(c)。使用时,圆形成形车刀装夹在刀柄(或弹性刀柄)上。为了防止圆体成形车刀转动,在侧面做出端面齿,使之与刀柄侧面上的端面齿相啮合。圆形成形车刀的主切削刃与中心等高,其后角为零度(图 2-6(a))。当主切削刃低于中心 $O$ 后,可产生径向后角($\alpha_p$),见图 2-6(b)。主切削刃低于中心 $O$ 的距离($H$),可按式 $H=\frac{D}{2}\sin\alpha_p$ 计算。

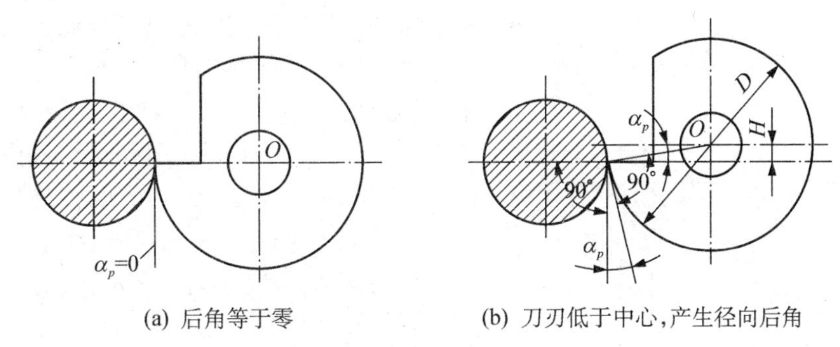

(a) 后角等于零　　(b) 刀刃低于中心,产生径向后角

图 2-6　圆体成形车刀的后角

## 四、技能辅导

### 1. 滚花

(1) 滚花刀

滚花刀可做成单轮、双轮和六轮三种(图 2-7)。单轮滚花刀(图 2-7(a))是滚直纹用的。双轮滚花刀(图 2-7(b))是滚网纹用的,由一个左旋和一个右旋的滚花刀组成一组(图 2-7(d))。六轮滚花刀是把网纹节距($P$)不等的三组双轮滚花刀装在同一特制的刀杆上(图 2-7(c))。使用时,可以很方便地根据需要选用粗、中、细不同的节距。滚花刀的直径一般为 20～25 mm。

滚花的形式　滚花花纹的形状是假定工件的直径为无穷大时花纹的垂直截面。

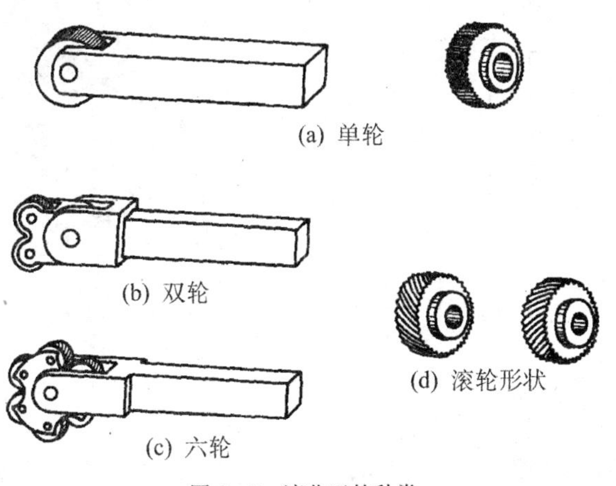
(a) 单轮

(b) 双轮

(c) 六轮

(d) 滚轮形状

图 2-7　滚花刀的种类

(2) 滚花

滚花前，根据工件材料的性质，须把滚花部分的直径车小(0.8～1.6)$m$($m$ 为花纹模数)。然后把滚花刀装夹在刀架上，使滚花刀的表面与工件平行接触，滚花刀中心与工件中心等高，如图 2－8 所示。在滚花刀接触工件时，必须用较大的压力，使工件刻出较深的花纹，否则就容易产生乱纹(俗称破头)。这样来回滚压 1～2 次，直到花纹凸出为止。为了减少开始时的径向压力，可先把滚花刀表面宽度的一半与工件表面相接触，或把滚花刀装得与工件表面有一很小的夹角(类似车刀的副偏角)，如图 2－8 所示，这样比较容易切入。在滚压过程中，还必须经常加润滑油和清除切屑，以免损坏滚花刀和防止滚花刀被切屑滞塞而影响花纹的清晰程度。滚花时应选择较低的切削速度。

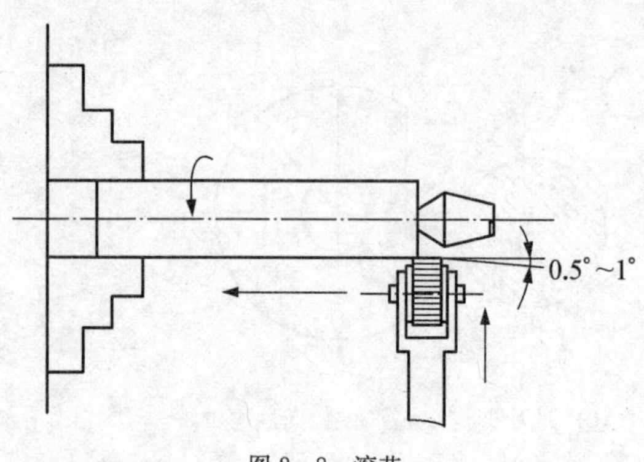

图 2－8 滚花

**2. 车圆球**

(1) 圆球车刀

圆球车刀外形与圆弧槽车刀一致，如图 2－9 所示。

R

R=2~3

图 2－9 圆球车刀

(2) 用双手控制法车圆球具体操作方法

① 确定圆球中心位置，车圆球前要用钢直尺量出圆球的中心，并用车刀刻线痕，以保证车圆球时左、右半球面对称。

② 为减少车圆球时的车削余量，一般用 45°车刀先在圆球外圆的两端倒角，见图 2－10。

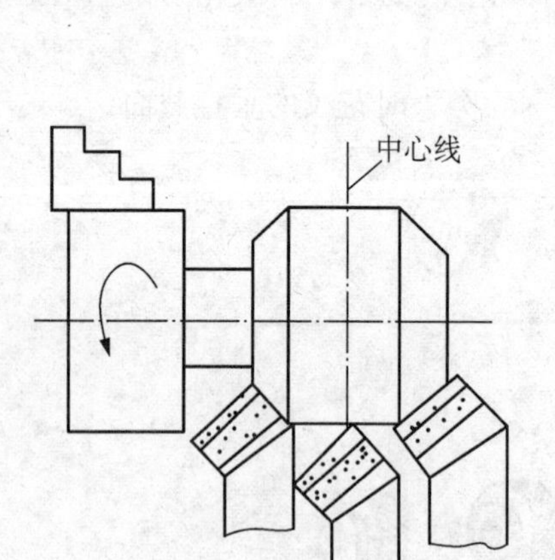

图 2－10 圆球外圆的两端倒角

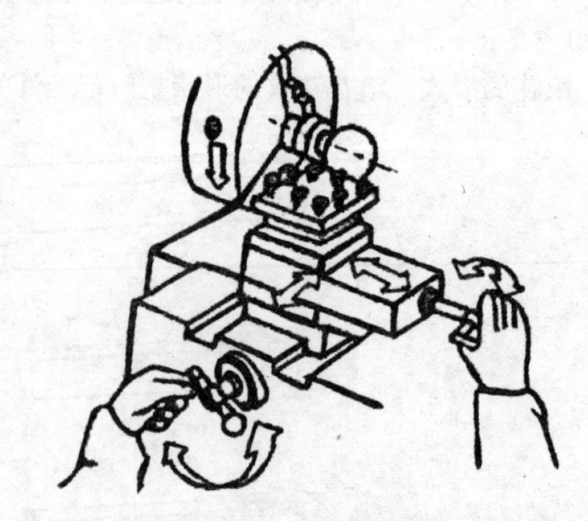
图 2－11 双手联动车圆球

③ 双手控制车圆球。如图 2－11 所示。操作时用双手同时移动中、小滑板或中滑板和床鞍，通过纵、横向的合成运动车出球面形状。它是由双手操纵的熟练程度来保证的。

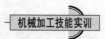

车削时由中心向两边车削，先粗车成形后再精车，逐步将圆球面车圆整。为保证柄部与球面连接处轮廓清晰，可用矩形沟槽刀或切断刀车削，见图 2 - 12。圆球部分长度按公式 $L=\frac{1}{2}(D+\sqrt{D^2-d^2})$ 计算。

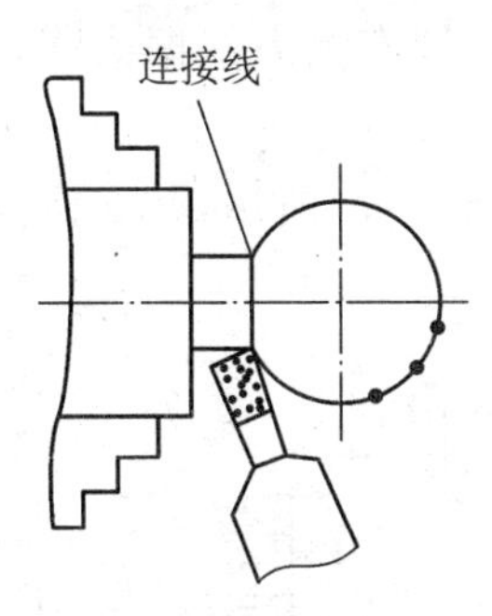


图 2 - 12　用切断刀车接刀处

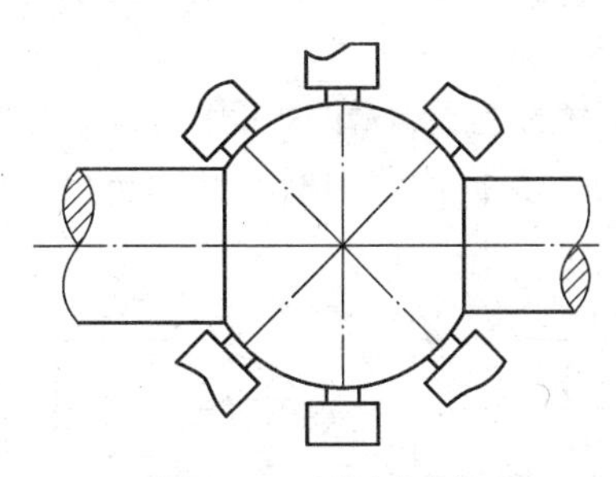

图 2 - 13　测圆球直径

用双手控制法车圆球时，要求动作协调，控制车刀吃刀量均匀，防止将圆球的局部车小，可用游标卡尺或千分尺通过球面的中心进行测量，如图 2 - 13 所示；使用半径样板检查轮廓时，半径样板应对准球面中心，并及时判断球面上各处余量的大小。

双手配合时，应注意纵、横进给速度的控制，小圆头车刀由最高点向柄部车削时，纵进刀速度的变化是快—中—慢，横进刀速度的变化是慢—中—快。

粗车圆球面时用目测方法来判断球面表面轮廓，用目测和量具配合检查，精车时用游标卡尺、千分尺和半径样板配合进行多方位测量。

(3) 修整圆球面

用小圆头车刀修整圆球面时，应注意勤测量，正确判断各处余量的大小，并用半径样板检查。

**3. 车沟槽**

(1) 切槽刀的装夹

装夹切槽刀时，除了要符合外圆车刀装夹的一般要求外，还应注意以下几点：

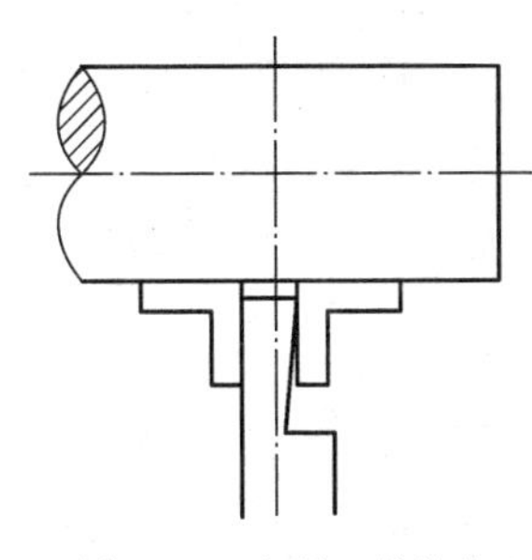

图 2 - 14　切槽刀的装夹

① 装夹时，切槽刀不宜伸出过长，同时切槽刀的中心线必须与工件轴线垂直，以保证两个副偏角对称；其主切削刃必须与工件轴线平行。装夹切槽刀时，可用 90°角尺检查其副偏角，见图 2 - 14。

② 切槽刀的底平面应平整，以保证两个副后角对称。

(2) 切槽时切削用量的选择

① 背吃刀量 $a_p$，车槽时的背吃刀量等于切槽刀主切削刃宽度。

② 进给量取 $f=0.05\sim0.1\ \text{mm/r}$。

③ 切削速度取 $v_c=30\sim40\ \text{m/min}$。

(3) 车削方法

车精度不高且宽度较窄的矩形沟槽时,可用刀宽等于槽宽的切槽刀,采用直进法一次进给车出,如图 2-15(a)所示。

车精度要求较高的矩形沟槽时,一般采用二次进给车成。第一次进给车沟槽时,槽壁两侧留有精车余量,第二次进给时用等宽切槽刀修整。也可用原车槽刀根据槽深和槽宽进行精车,如图 2-15(b)所示。

车削较宽的矩形沟槽时,可用多次直进法切割,如图 2-15(c)所示,并在槽壁两侧留有精车余量,然后根据槽深和槽宽精车至尺寸要求。

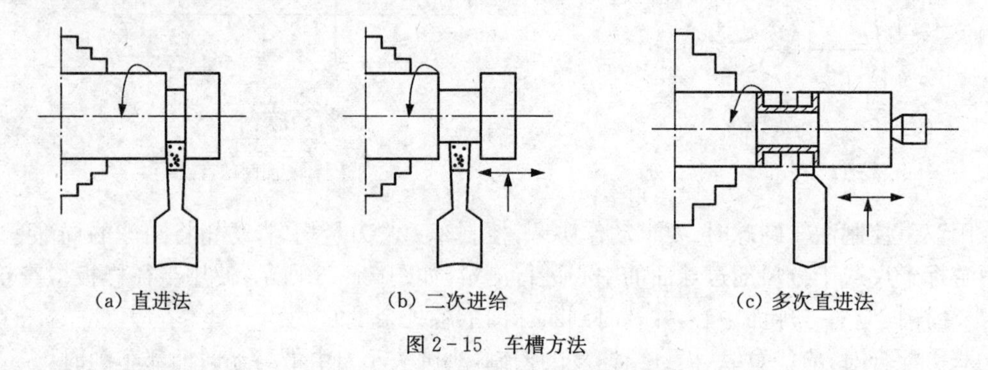

(a) 直进法　(b) 二次进给　(c) 多次直进法

图 2-15　车槽方法

**4. 成形面的检验**

成形面零件在车削过程中和车好以后,一般都是用样板来检验的。

用样板检验成形面零件的方法见图 2-16。检验时,必须使样板的方向与工件轴线一致。成形面是否正确,可以由样板与工件之间的缝隙大小来判断。

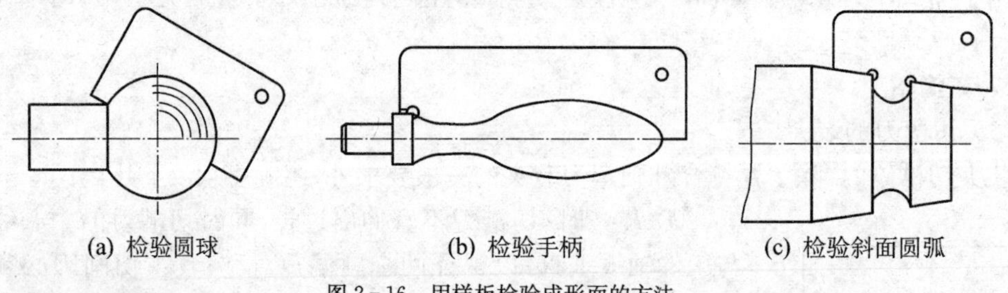

(a) 检验圆球　(b) 检验手柄　(c) 检验斜面圆弧

图 2-16　用样板检验成形面的方法

**5. 外沟槽的检测**

检测外沟槽时,除了使用游标卡尺外,通常还有以下几种检测方法。

(1) 精度要求较低的矩形沟槽,可用钢直尺和外卡钳检测其宽度和直径,见图 2-17所示。

(2) 精度要求较高的矩形沟槽,通常用千分尺(图 2-18)或样板(图 2-19)检测。

**6. 切槽(切断)刀几何参数及刃磨方法**

常用的切槽刀可分成高速钢切槽刀(图 2-20)和硬质合金切槽刀(图 2-21)两种。

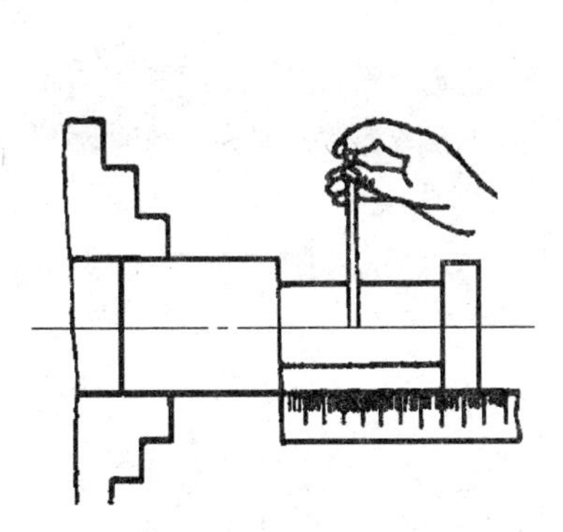

图 2-17　用钢直尺和外卡钳检测沟槽

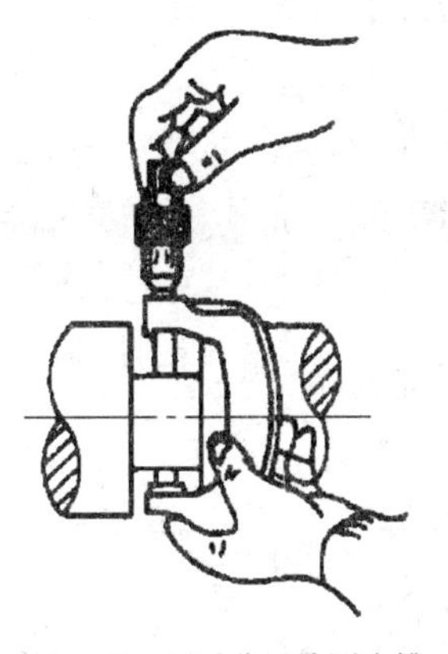

图 2-18　用千分尺检测沟槽

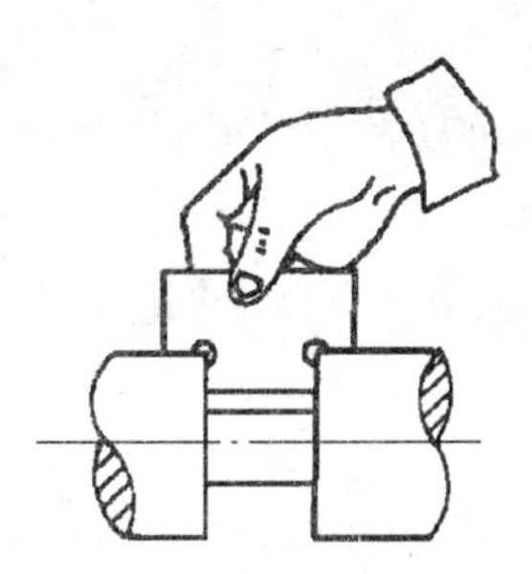

图 2-19　用样板检测沟槽

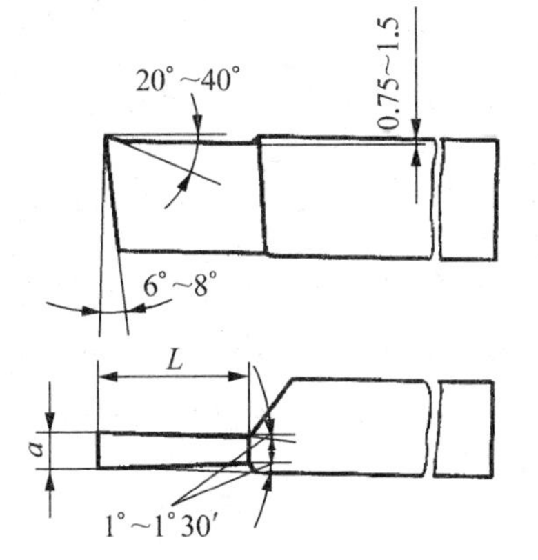


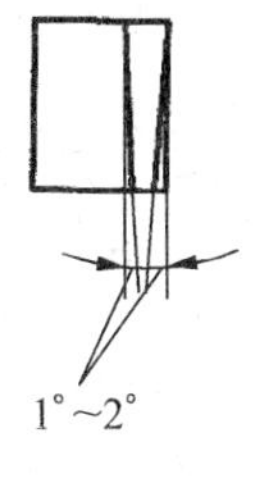


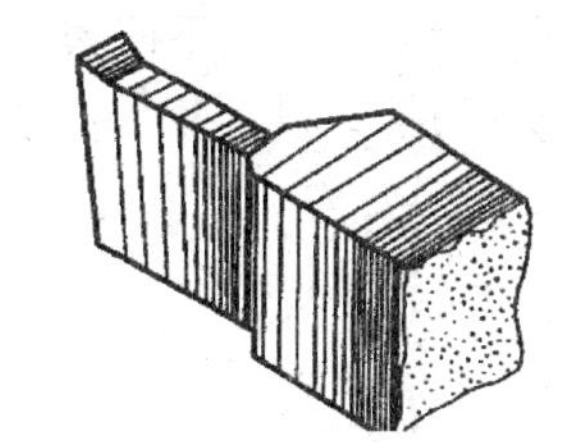

图 2-20　高速钢切槽(切断)刀

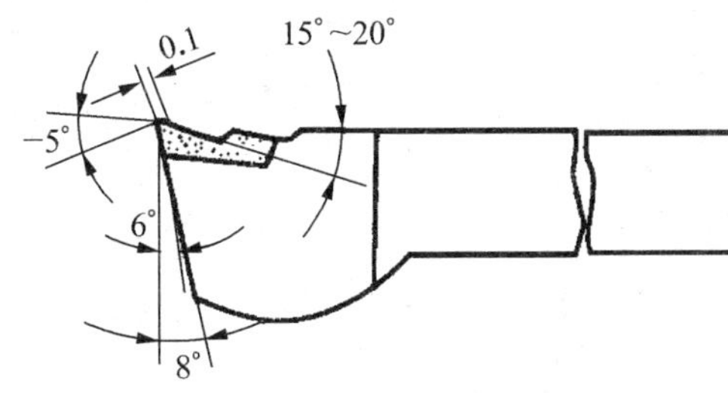


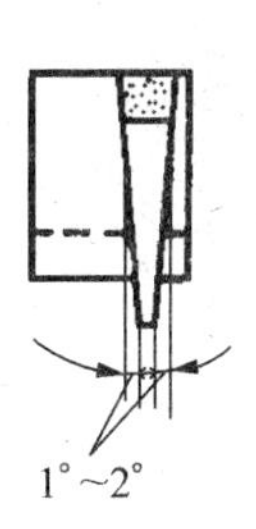


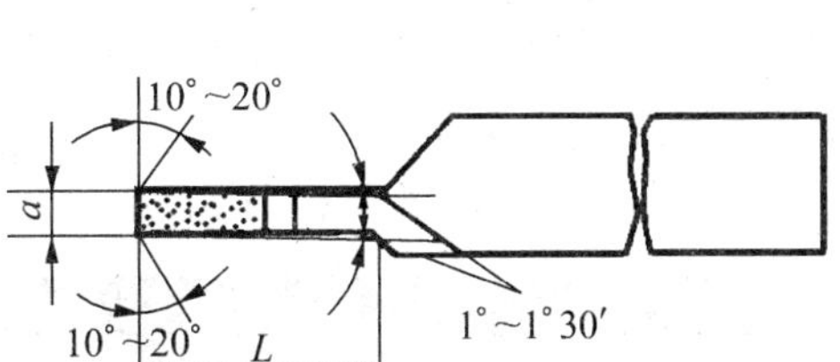


图 2-21　硬质合金切槽刀

高速钢切槽刀的刃磨方法：

(1) 切槽刀的粗磨

粗磨切槽刀选用粒度号为 60# ～80# 、硬度为 H～K 的白色氧化铝砂轮。

① 粗磨两侧副后刀面　两手握刀，切槽刀前刀面向上，如图 2－22(a)所示，同时磨出左侧副后角 $\alpha_o'=1°30'$ 和副偏角 $\kappa_r'=1°30'$。掉转方向两手握刀，切槽刀前刀面向上，如图 2－22(b)所示，同时磨出右侧副后角 $\alpha_o'=1°30'$ 和副偏角 $\kappa_r'=1°30'$，对于主切削刃宽度，尤其要注意留出0.5 mm的精磨余量。

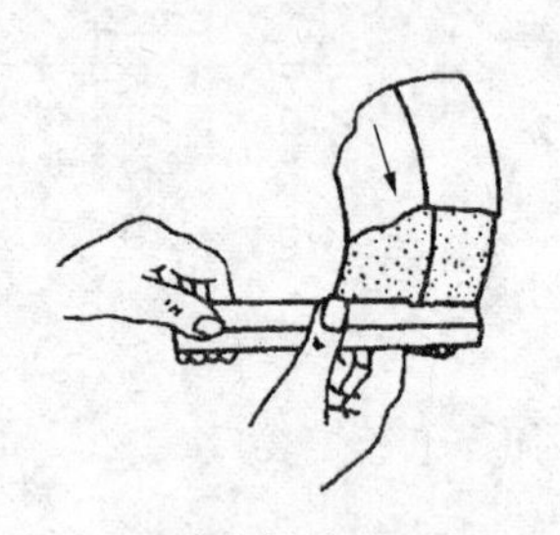

(a) 磨左侧副后刀面

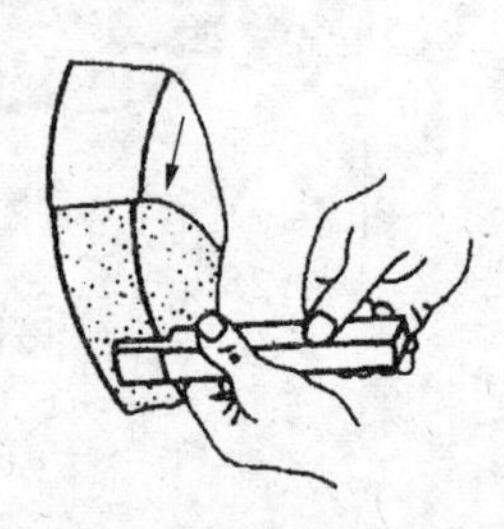

(b) 磨右侧副后刀面

图 2－22　粗磨两侧副后刀面

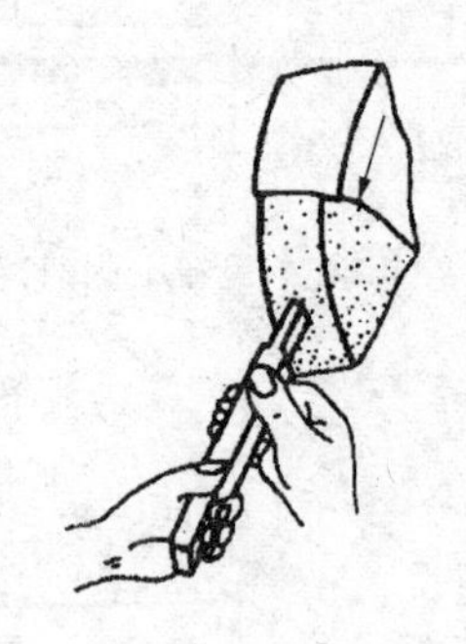

图 2－23　粗磨主后刀面

② 粗磨主后刀面　两手握刀，切槽刀前刀面向上(图 2－23)，磨出主后刀面，后角 $\alpha_o=6°$。

③ 粗磨前刀面　两手握刀，切槽刀前刀面对着砂轮磨削表面(图 2－24)。刃磨前刀面，磨出卷屑槽，槽深 0.75～1.5 mm，保证前角 $\gamma_o=20°$，如图 2－25 所示。

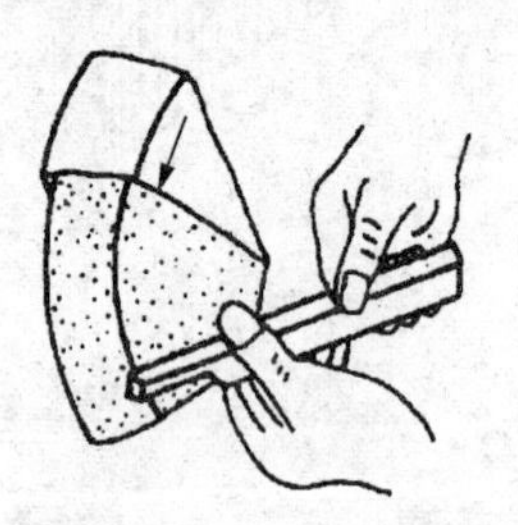

图 2－24　粗磨前刀面

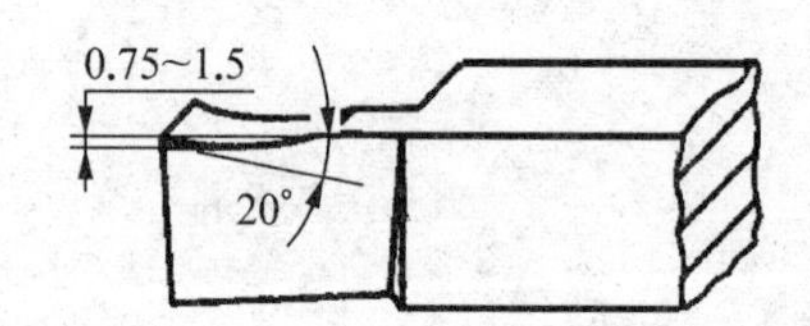


图 2－25　卷屑槽及前角

(2) 切槽刀的精磨

精磨选用粒度号为 80# ～120# 、硬度为 H～K 的白色氧化铝砂轮。

① 修磨主后刀面，保证主切削刃平直。

② 修磨两侧副后刀面，保证两副后角和两副偏角对称，主切削刃宽度 $a=3$ mm(工件槽宽)。

③ 修磨前刀面和卷屑槽，保持主切削刃平直、锋利。

④ 修磨刀尖，可在两刀尖上各磨出一个小圆弧过渡刃。

## 五、技能拓展(成形面车削方法)

有些机器零件表面的素线是一种曲线，例如圆球面、手柄等，见图 2－26。这些带有曲线的表面叫做成形面，也叫做特形面。对于这类零件的加工，应根据产品的特点、精度要求及批量大小等不同情况，可分别采用双手控制、成形车刀、靠模、专用工具等加工方法。

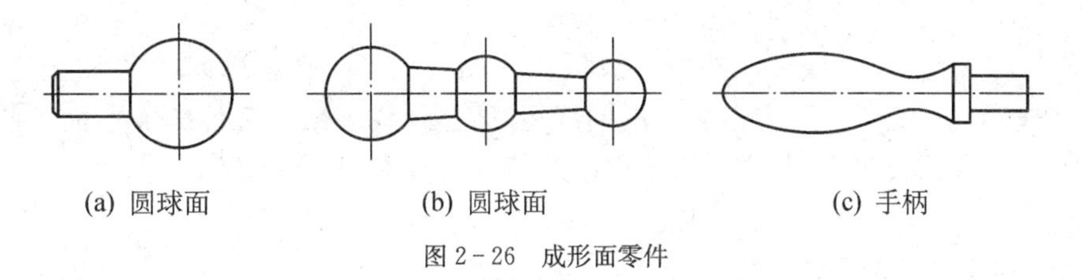


图 2-26　成形面零件

**1. 用双手控制法车成形面**

数量较少或单件成形面工件，可采用双手控制法进行车削，就是用右手握小滑板手柄，左手握中滑板手柄，通过双手合成运动，车出所要求的成形面。或者采用床鞍和中滑板合成运动来进行车削。

**2. 用成形车刀车成形面**

数量较多的成形面工件，可以用成形车刀车削。把切削刃磨得与工件表面形状相同的车刀叫做成形车刀(或称样板刀)。

**3. 靠模法车成形面**

靠模法车成形面是一种比较先进的加工方法。一般可根据靠模的形状利用机动进给车削成所需要的成形面，生产效率高，质量稳定，适合于成批生产。

下面介绍两种靠模车成形面的主要方法：

(1) 尾座靠模(图 2-27)　把一个标准样件(即靠模)装在尾座套筒里。在刀架上装上一把长刀夹，刀夹上装有车刀和靠模杆。车削时，用双手操纵中、小滑板(或使用床鞍机动进给)，使靠模杆始终贴在靠模上，并沿着靠模的表面移动。结果车刀就在工件表面车出与靠模形状相同的成形面。这种靠模方法简单，在一般车床上都能使用，但操作不太方便。

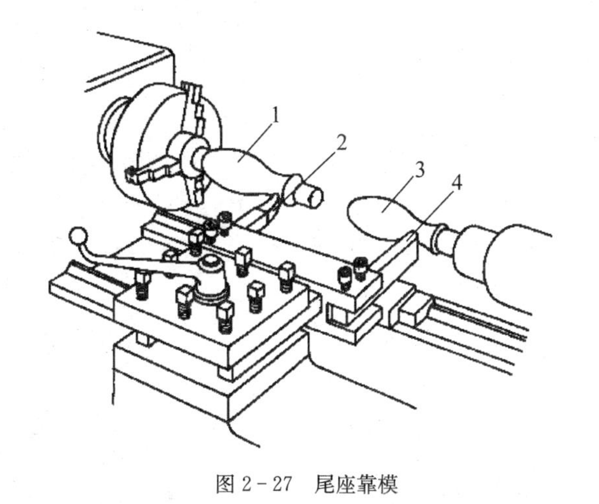


图 2-27　尾座靠模

1—工件　2—车刀　3—靠模　4—靠模杆

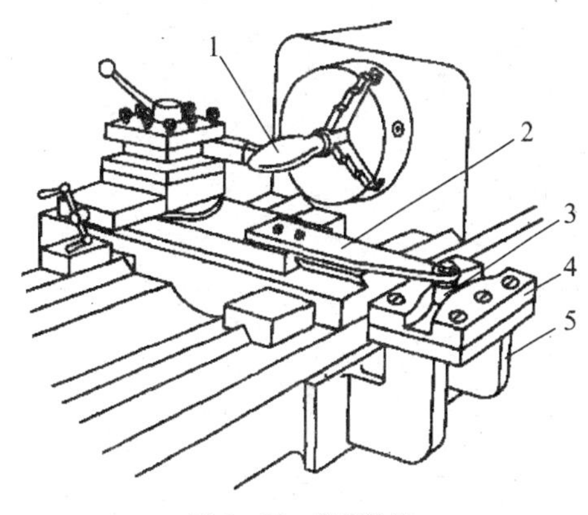


图 2-28　靠板靠模

1—工件　2—拉杆　3—滚柱　4—靠模板　5—靠模支架

(2) 靠板靠模　在车床上用靠板靠模法车成形面，实际上与用靠模车圆锥的方法相同，只需把锥度靠板换成一个带有曲面槽的靠模板，并将滑块改为滚柱就行了。如没有现成的靠模车床，可将普通车床改装成靠模车床，见图 2-28。在床身的前面装上靠模支架和靠模板，滚柱通过拉杆与中滑板连接，并把中滑板丝杠抽去。当床鞍做纵向运动时，滚柱沿着靠模板的曲线槽移动，使车刀刀尖做相应的曲线运动，这样就车出了工件的成形面。使用这种方法时，应将小滑板转过 90°，以代替中滑板进给。这种靠模方法操作方便，生产效率高，成形准确，质量稳定，但只能加工成形表面变化不大的工件。

**4. 用专用工具车成形面**

用专用工具车成形面的方法很多。现仅介绍一种车内外圆弧面的专用工具。

用专用工具车削内外圆弧的原理如图 2-29 所示。这种工具可使刀尖按外圆弧或内圆弧的轨迹运动，以便车出各种形状的圆弧。如果刀尖到回转中心的距离可调，还可以车出各种半径的内外圆弧工件。

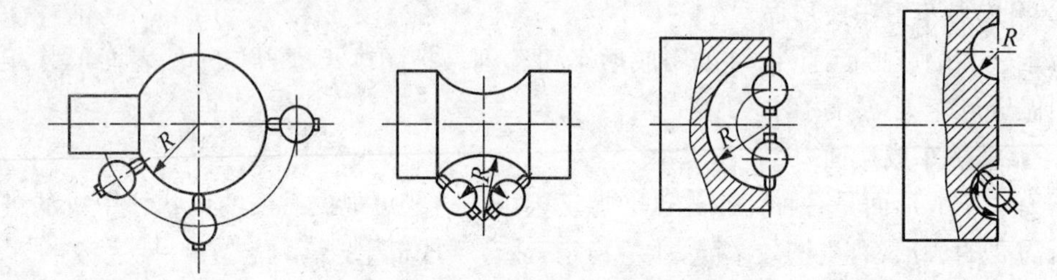


图 2-29 内外圆弧的车削原理

# 机械加工技能实训

## 工作任务书

### 模块二　车削圆球手柄

单　　位：____________________

部　　门：____________________

班　　级：____________________

姓　　名：____________________

学号(工号)：____________________

起讫日期：____________________

指导教师：____________________

# 任务1　车削圆球手柄

## 一、回答导向问题

1. 金属制品滚花有何作用？有哪些种类？

2. 车圆球面有哪些方法？此次实习中你准备采用何种方法？

3. 刃磨切断刀应注意哪些事项？

4. 该工件有两处地方需要用切槽刀车槽，车槽方法是否一样？

## 二、制订工作计划

运用所学的知识与技能，完成圆球手柄车削工作计划，并填入表2－1中。

表2－1　圆球手柄车削工作计划表

| 序号 | 加工内容 | 工艺装备 | | | 切削用量 | | |
|---|---|---|---|---|---|---|---|
| | | 机床 | 工具 | 量具 | 切削速度 | 进给量 | 背吃刀量 |
| | | | | | | | |
| | | | | | | | |
| | | | | | | | |
| | | | | | | | |
| | | | | | | | |
| | | | | | | | |
| | | | | | | | |

## 三、小组决策

由组长组织小组成员讨论，综合小组成员制订的圆球手柄车削工作计划，确定本小组圆球手柄车削工作计划，并填入表2－2中。

表 2-2　小组圆球手柄车削工作计划表

| 小组成员 | | | | | 组长 | | |
|---|---|---|---|---|---|---|---|
| 序号 | 加工内容 | 工艺装备 | | | 切削用量 | | |
| | | 机床 | 刀具 | 量具 | $v_c$ | $f$ | $a_p$ |
| | | | | | | | |
| | | | | | | | |
| | | | | | | | |
| | | | | | | | |
| | | | | | | | |
| | | | | | | | |
| 指导教师审核签名 | | | | 日期 | | | |

## 四、严格遵守机床操作规定，独立完成圆球手柄车削加工

### 1. 工量具准备

写出圆球手柄车削所需的工量具，填入表 2-3 中。

表 2-3　工量具清单

| 序号 | 名称 | 规格 | 数量(/人、/组) |
|---|---|---|---|
| 1 | | | |
| 2 | | | |
| 3 | | | |
| … | | | |

### 2. 车削加工

按小组制订的圆球手柄车削工作计划表，完成圆球手柄车削加工，并填写生产过程记录表(表 2-4)和工作日志(表 2-5)。

表 2-4　生产过程记录表

| 序号 | 项目 | 完成情况 | | |
|---|---|---|---|---|
| | | 自检记录 | 组内评价 | 指导教师评价 |
| 1 | 装夹工件，车端面，粗车外圆，留余量 2 mm | | | |
| 2 | 掉头装夹工件，车端面，车 $\phi$34 至尺寸要求 | | | |

续　表

| 序号 | 项目 | 完成情况 | | |
|---|---|---|---|---|
| | | 自检记录 | 组内评价 | 指导教师评价 |
| 3 | 切槽 4×1.5 两处，保证尺寸 20 | | | |
| 4 | 倒角 C1 三处 | | | |
| 5 | 滚花 | | | |
| 6 | 掉头装夹，车端面保证总长，切槽 $\phi16\times6$，车圆球处尺寸 $\phi34$ 和 L | | | |
| 7 | 用双手控制法车削球形表面至尺寸要求 | | | |
| 8 | 安全文明生产 | | | |

表 2-5　工作日志

| 日期 | 工作任务/工作阶段 | 遇到的问题和困难 | 问题的解决 |
|---|---|---|---|
| | | | |
| | | | |
| | | | |
| | | | |
| | | | |
| | | | |
| 备注： | | | |

**3. 安全文明生产**

遵守劳动纪律，进行安全文明生产，在实习生产过程中若有违反安全文明生产的情况，记录在表 2-6 中。

表 2-6　安全文明生产记录表

| 违反安全文明生产情况记录 | 本人签名 | 组长签名 | 指导教师签名 |
| --- | --- | --- | --- |
| | | | |

## 五、检查与评价

### 1. 自我评价与小组评价

对车削的圆球手柄工件按项目进行检测，对自己及组内成员完成的工作任务进行客观评价，并填写表 2-7。

表 2-7　自我评价与小组评价表

| 序号 | 项目与技术要求 | 配分 | 自检结果 | 组内互评结果 |
| --- | --- | --- | --- | --- |
| 1 | 成形面 $S\phi34\pm0.3$ | 45 | | |
| 2 | 长度 $55\pm0.10$ | 10 | | |
| 3 | 长度 $32\pm0.10$(L) | 10 | | |
| 4 | 切槽 $\phi16\times6$，$4\times1.5$ | 5 | | |
| 5 | 粗糙度 $Ra$ 6.3、$Ra$ 3.2 | 10 | | |
| 6 | 滚花花纹是否明显，是否乱纹 | 10 | | |
| 7 | 倒角 $C1$ 三处 | 10 | | |
| 8 | 安全文明生产 | 违者酌情扣分 | | |
| 总计 | | 100 | | |
| 本人签名 | | | 组长签名 | |

### 2. 教师评价

结合学生加工完成的圆球手柄工件及安全文明生产，完成本次任务评价，并填入表 2-8 中。

表 2-8　圆球手柄车削质量检测表

| 序号 | 检验项目 | 技术要求 | 测量工具 | 测量结果 | 得分 |
| --- | --- | --- | --- | --- | --- |
| 1 | 成形面 | $S\phi34\pm0.3$ | 样板 | | |
| 2 | 长度 | $55\pm0.10$ | 0～150 mm 游标卡尺 | | |
| 3 | 长度 | $32\pm0.10$(L) | 0～150 mm 游标卡尺 | | |
| 4 | 切槽 | $\phi16\times6$，$4\times1.5$ | 0～150 mm 游标卡尺 | | |

续　表

| 序号 | 检验项目 | 技术要求 | 测量工具 | 测量结果 | 得分 |
|---|---|---|---|---|---|
| 5 | 粗糙度 | $Ra$ 6.3、$Ra$ 3.2 | 粗糙度样板 | | |
| 6 | 滚花 | 花纹是否明显，是否乱纹 | 目测 | | |
| 7 | 倒角 | C1 三处 | | | |
| 8 | 安全文明生产 | | | | |
| 总计得分 | | | | | |
| 检验结果 | | 合格□　不合格□ | 指导教师 | | |

### 3. 成绩汇总

综合自我评价及组内互评、教师评价确定组内成员本次工作任务的综合成绩，并填入表 2－9 中。

表 2－9　综合成绩统计表

| 个人评价 30% | 组内互评 40% | 教师评价 30% | 综合成绩 |
|---|---|---|---|
| | | | |

## 六、反思与提高

从制订工作计划、零件加工制作及检查评价结果三个方面对存在的问题进行反思，寻求解决方法，持续改进，完成表 2－10。

表 2－10　问题分析表

| 存在问题 | 产生原因 | 解决方法 |
|---|---|---|
| | | |
| | | |
| | | |

# 模块三　制作工艺塔

## 知识目标

1. 了解圆锥基本参数间的关系；
2. 了解螺纹基本参数；
3. 成形车刀种类、结构及选用；
4. 了解切槽刀、梯形槽车刀几何参数。

## 技能目标

1. 能车削合格的圆锥面；
2. 能确定加工内螺纹的孔径和加工外螺纹的直径；
3. 能用丝锥、板牙加工内、外螺纹；
4. 能正确刃磨切槽刀及梯形槽车刀；
5. 能车削合格的梯形槽。

工艺塔是用圆棒料主要通过车削加工得到的工艺品，如图 3－1 所示。工艺塔由塔基、塔身、塔颈及塔顶等四个零件组成。

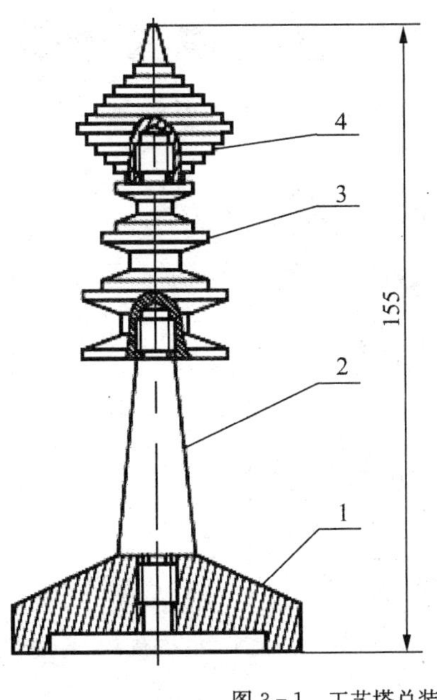


技术要求
　　四件装配后工艺塔轴线应与底面无明显歪斜

图 3－1　工艺塔总装图

# 任务1　加工塔基

## 一、工作任务

完成图3-2所示的塔基零件加工。

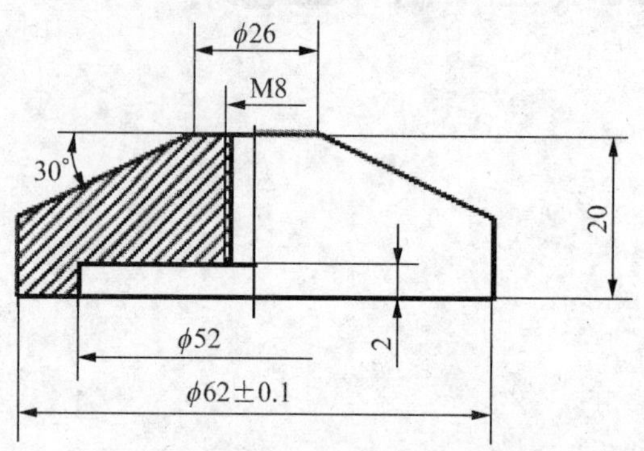


图3-2　塔基零件图

## 二、任务分析

塔基零件主要由内外圆柱面、圆锥面、螺纹孔、端面等几何要素构成，任务的难点是圆锥面和螺纹孔的加工与测量控制。通过编制该零件加工工艺和完成加工任务，帮助学生学习掌握圆锥面和内螺纹的加工方法、测量方法以及选用合理的加工工具的能力，训练车削加工和测量操作基本技能。

## 三、知识链接

### 1. 普通螺纹的主要参数(图3-3)及计算

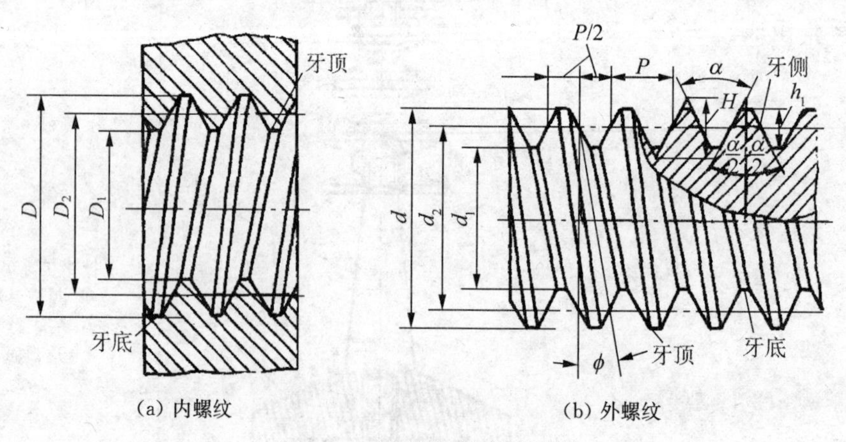


图3-3　三角螺纹的各部分名称

(1) 牙型角($\alpha$)　在螺纹牙型上，两相邻牙侧间的夹角称为牙型角。三角形螺纹的牙型角有 60°和 55°两种。牙型角应关于轴线垂直线对称，即牙型半角 $\alpha/2$ 必须相等。

(2) 螺距($P$)　相邻两牙在中径线上对应两点间的轴向距离。常见普通螺纹螺距如表 3－1所示。

**表 3－1　普通螺纹螺距摘录(摘自《机械工艺人员手册》部分)**

| 公称直径($D$、$d$) | | 5 | 6 | 8 | 10 | 12 | 16 | 20 | 24 |
|---|---|---|---|---|---|---|---|---|---|
| 螺距(mm) | 粗牙 | 0.8 | 1 | 1.25 | 1.5 | 1.75 | 2 | 2.5 | 3 |
| | 细牙 | 0.5 | 0.75 | 0.75 | 0.75 | 1 | 1 | 1 | 1 |
| | | / | / | 1 | 1 | 1.25 | 1.5 | 1.5 | 1.5 |
| | | / | / | / | 1.25 | / | / | 2 | 2 |

(3) 导程($L$)　同一螺纹线上相邻两牙在中径线上对应两点间的轴向距离。

(4) 螺纹大径($D$、$d$)　亦称外螺纹顶径，内螺纹底径，也是螺纹的公称直径。

(5) 螺纹小径($D_1$、$d_1$)　亦称外螺纹底径，内螺纹顶径。

(6) 螺纹中径($D_2$、$d_2$)　中径是一个假想圆柱或圆锥的直径，该圆柱或圆锥的母线通过牙型上沟槽和凸起宽度相等的地方。外螺纹中径 $d_2$ 与内螺纹中径 $D_2$ 相等。

(7) 螺纹升角($\phi$)　在中径圆柱或中径圆锥上螺旋线的切线与垂直于螺纹轴线的平面之间的夹角(图 3－4)。

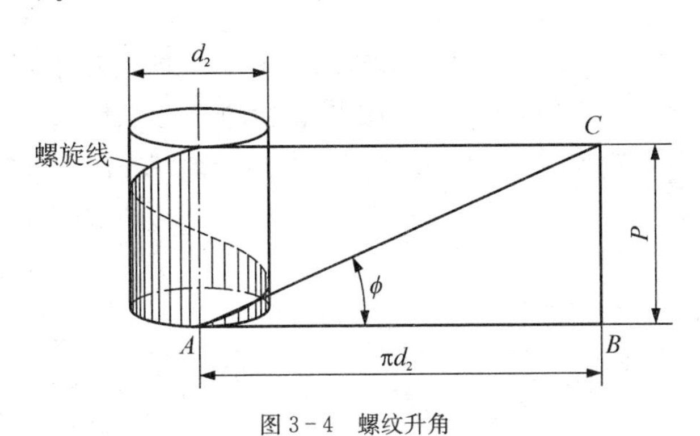


图 3－4　螺纹升角

螺纹升角可按下式计算

$$\tan\phi = \frac{P}{\pi d_2}$$

式中：$\phi$——螺纹升角(°)；

$P$——螺距(mm)；

$d_2$——中径(mm)。

(8) 普通螺纹的尺寸计算

普通螺纹基本牙型的原始三角形为 60°的等边三角形，其高度为 $H$，基本牙型上大径和

小径处的削平高度分别为 $H/8$ 和 $H/4$。普通螺纹基本牙型及尺寸计算见图 3－5。

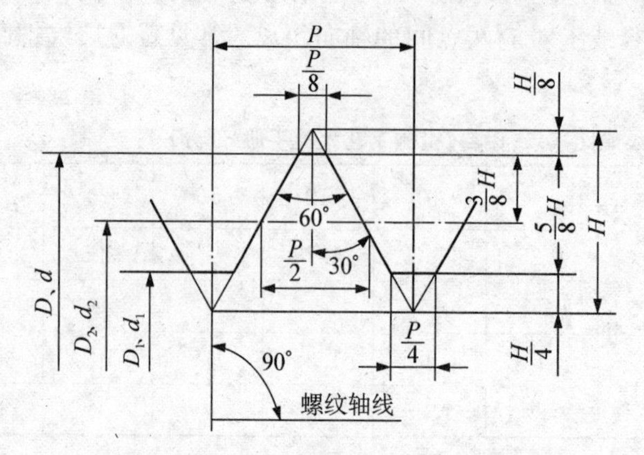


$D$—内螺纹大径　$d$—外螺纹大径　$D_2$—内螺纹中径
$d_2$—外螺纹中径　$D_1$—内螺纹小径　$d_1$—外螺纹小径
$P$—螺距　$H$—原始三角形高度

图 3－5　普通螺纹尺寸计算

由图可知普通螺纹大径与小径尺寸关系为：

$$D_1(d_1)\approx D(d)-1.08P$$

**2. 圆锥面参数及计算**

与轴线 $AO$ 成一定角度，且一端相交于轴线的一条直线段 $AB$（母线），围绕着该轴线旋转形成的表面，称为圆锥面（图 3－6(a)）。如截去尖端，即成截锥体（图 3－6(b)）。由圆锥面与一定尺寸所限定的几何体，称为圆锥。圆锥又可分为外圆锥和内圆锥两种。圆锥的各部分名称见图 3－7。

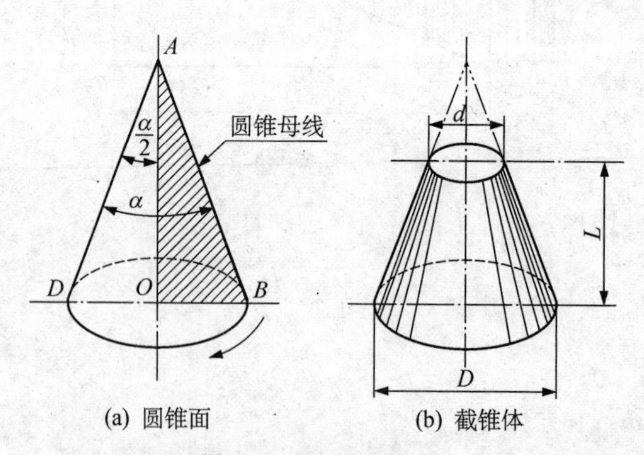


(a) 圆锥面　　(b) 截锥体

图 3－6　圆锥面和截锥体

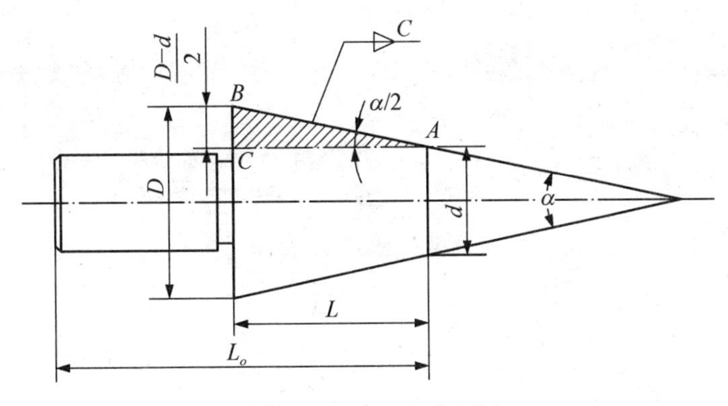


图 3-7　圆锥各部分名称

$D$—最大圆锥直径(简称大端直径)　$d$—最小圆锥直径(简称小端直径)　$\alpha$—圆锥角
$\alpha/2$—圆锥半角　$L$—圆锥长度　$L_o$—工件全长　$C$—锥度

圆锥有以下四个基本参数(量):①圆锥半角($\alpha/2$)或锥度($C$);②最大圆锥直径($D$);③最小圆锥直径($d$);④圆锥长度($L$)。四个量中,只要知道任意三个量,就可以求出未知量。

由图可知:

$$\tan\left(\frac{\alpha}{2}\right)=\frac{D-d}{2L} \tag{3-1}$$

$$\tan\left(\frac{\alpha}{2}\right)=\frac{C}{2} \tag{3-2}$$

## 四、技能辅导

### (一) 内螺纹加工

在车床上加工内螺纹的方法可分为用内螺纹车刀加工(图 3-8(a))和用丝锥加工(图 3-8(b))两种。一般加工标准螺纹均选用丝锥加工。

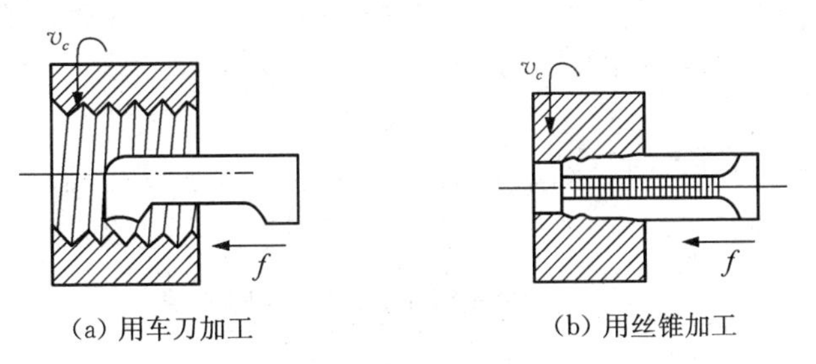


(a) 用车刀加工　　(b) 用丝锥加工

图 3-8　车床加工内螺纹方法

#### 1. 丝锥

丝锥分为机用丝锥(图 3-9(a),扁尾)和手用丝锥(图 3-9(b),方尾)。丝锥的结构如图 3-9(c)所示。工作部分是一段开槽的外螺纹。丝锥的工作部分包括切削部分和校准部分。

(a) 机用丝锥

(b) 手用丝锥

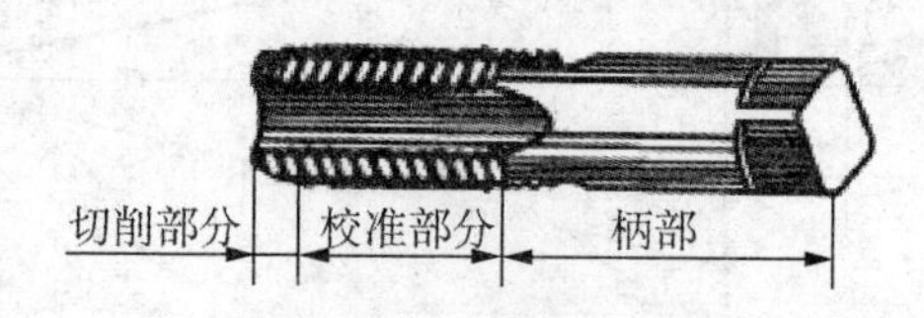

(c) 丝锥组成结构

图 3-9 丝锥

**2. 攻内螺纹操作步骤**

(1) 钻底孔

① 钻孔直径

攻螺纹前要先钻孔，攻丝过程中，丝锥牙齿对材料既有切削作用又有一定的挤压作用，所以一般钻孔直径可略大于内螺纹的小径 $D_1$，钻头的直径 $\phi$ 根据下列经验公式计算或可查表 3-2。

加工钢料及塑性金属时： $\phi = D - P$

加工铸铁及脆性金属时： $\phi = D - 1.05P$

式中：$D$——螺纹大径(mm)；

$P$——螺距(mm)。

**表 3-2 钢材上钻螺纹底孔的钻头直径 $\phi$ 大小部分选录(单位：mm)**

| 螺纹大径($D$) | 4 | 5 | 6 | 8 | 10 | 12 | 14 | 16 | 20 | 24 |
|---|---|---|---|---|---|---|---|---|---|---|
| 螺距($P$) | 0.7 | 0.8 | 1 | 1.25 | 1.5 | 1.75 | 2 | 2 | 2.5 | 3 |
| 钻头直径($\phi$) | 3.3 | 4.2 | 5 | 6.7 | 8.5 | 10.2 | 11.9 | 13.9 | 17.4 | 20.9 |

直径小于 30 mm 的孔一次钻出，直径为 30～80 mm 的孔可分两次钻削，先用(0.5～0.7)$\phi$ 的钻头钻孔，后用直径 $\phi$ 的钻头将孔扩大。

② 钻削用量选择

钻孔时，背吃刀量由钻孔直径确定 ($a_p = d/2$)。只需选择切削速度和进给量。高速钢标准麻花钻进给量的选择参照表 3-3。高速钢标准麻花钻切削速度选择参照表 3-4。

**表 3-3 高速钢标准麻花钻的进给量**

| 钻孔直径 $D$(mm) | ≤3 | 3～6 | 6～12 | 12～25 | >25 |
|---|---|---|---|---|---|
| 进给量 $f$(mm/r) | 0.025～0.05 | 0.05～0.1 | 0.10～0.18 | 0.18～0.38 | 0.38～0.62 |

**表 3-4　高速钢标准麻花钻的切削速度**

| 加工材料 | 低碳钢 | 中碳钢<br>铸钢 | 高碳钢 | 合金钢 | 灰铸铁 | 镁合金<br>铝合金 | 铜合金 |
|---|---|---|---|---|---|---|---|
| 切削速度 m/min(≤) | 24 | 18～24 | 15 | 12～15 | 20～25 | 75～90 | 20～45 |

③ 切削液的选择

钻孔时，钻头处于半封闭状态加工，钻头与工件间的摩擦及切屑变形严重，产生大量的切削热，散热困难，切削温度高，会严重降低钻头的切削能力，甚至引起钻头退火。为保证钻孔质量，提高钻孔效率，延长钻头的寿命，应合理使用切削液。使用切削液的目的是冷却和润滑，由于钻孔一般属于粗加工，应选用以冷却作用为主的切削液，以提高钻头的使用寿命和切削性能。钻削时，切削液选用可参考表 3-5。

**表 3-5　钻孔切削液选择**

| 工件材料 | 切削液种类 |
|---|---|
| 结构钢 | 3%～5%乳化液，7%硫化乳化液 |
| 铸铁 | 不用或用 5%～8%乳化液 |
| 有色金属 | 不用或用 5%～8%乳化液 |

(2) 孔口倒角

钻孔后，孔口须倒角。这样可以使丝锥开始切削时容易切入材料，并可以防止孔口被挤压出凸边。

(3) 攻螺纹

① 机动攻螺纹

在车床上机动攻螺纹时，丝锥可采用机用丝锥夹头(图 3-10)装夹，夹头装在尾座的锥孔内，工件随主轴旋转。

图 3-10　机用丝锥夹头

或用铰杠(图 3-11)夹住丝锥，然后用手压住丝锥，使丝锥与底孔同轴，开动机床，工件随主轴旋转。开始攻丝时，要加轴向压力使丝锥切入工件，切入几圈后就不需要加压。否则切出的螺纹牙型变窄。

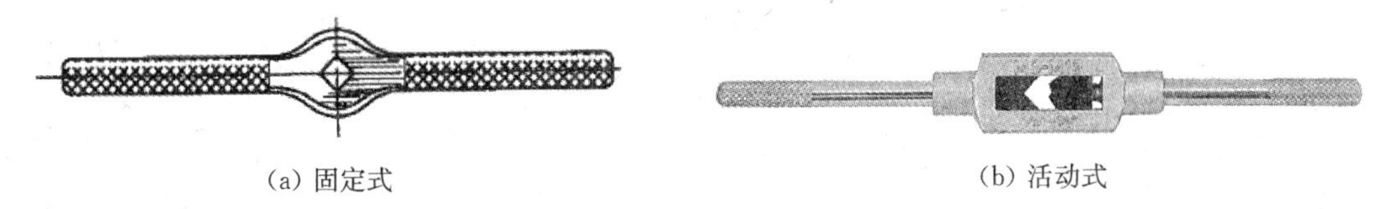

(a) 固定式　　(b) 活动式

图 3-11　铰杠

② 手动攻螺纹

起攻。一手用手掌按住铰杠中部，沿丝锥中心线用力下压，另一手配合做顺向旋转，如图 3-12(a)所示。

检查垂直度。在丝锥攻入 1～2 圈后，从前后、左右两个方向用角尺进行检查，使丝锥垂直，并不断调整至要求位置，如图 3 - 12(b)所示。

正常攻丝时，两手用力要均匀，如图 3 - 12(c)所示，要经常反转 1/2～1/4 圈以断屑或清屑。用头锥攻完后，用二锥再攻一遍。

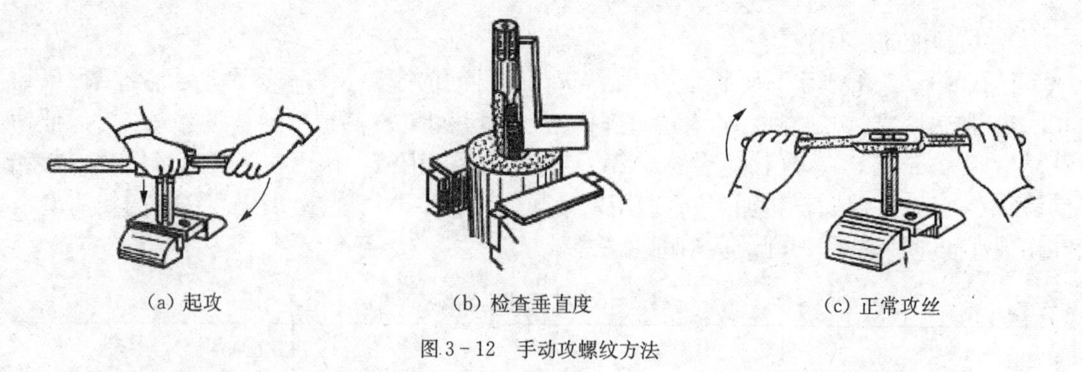

(a) 起攻　　(b) 检查垂直度　　(c) 正常攻丝

图 3 - 12　手动攻螺纹方法

攻钢料螺纹时，应加机油润滑，以减少切削阻力，提高螺纹的表面质量。

**3. 用螺纹量规综合测量螺纹**

螺纹量规有螺纹环规和塞规两种(图 3 - 13)。

(a) 螺纹环规　　(b) 螺纹塞规

图 3 - 13　螺纹量规

环规用来测量外螺纹的尺寸精度；塞规用来测量内螺纹的尺寸精度。在测量螺纹时，如果量规过端正好拧进去，而止端拧不进，说明螺纹精度符合要求。

在综合测量螺纹之前，首先应对螺纹的直径、牙型和螺距进行检查，然后再用螺纹量规进行测量。使用时不应硬拧量规，以免量规严重磨损。

**(二) 车削圆锥面**

在车床上车削外圆锥主要有下列方法：转动小滑板法；偏移尾座法；宽刃刀车削法。

**1. 转动小滑板法**

车削较短的圆锥体时，可以用转动小滑板的方法。车削时只要把小滑板按工件的要求转动一定的角度，使车刀的运动轨迹与所要车削的圆锥素线平行即可。这种方法操作简单，调整范围大，能保证一定精度。

由于圆锥的角度标注方法不同，一般不能直接按图样上所标注的角度去转动小滑板，必须经过换算。换算原则是把图样上所标注的角度，换算出圆锥素线与车床主轴轴线的夹角

$\alpha/2$，$\alpha/2$ 就是车床小滑板应该转过的角度。具体情况见表 3－6。

如果图样上没有注明圆锥半角 $\alpha/2$，那么可根据公式(3－1、3－2)计算出圆锥半角 $\alpha/2$。转动小滑板可车削各种角度的圆锥，适用范围广。但一般只能用手动进给，劳动强度较大，表面粗糙度较难控制；另外因受小滑板的行程限制，只能加工圆锥不长的工件。

**表 3－6　图样上标注的角度和小滑板应转过的角度**

| 图例 | 小滑板应转过的角度 | 车削示意图 |
| --- | --- | --- |
| 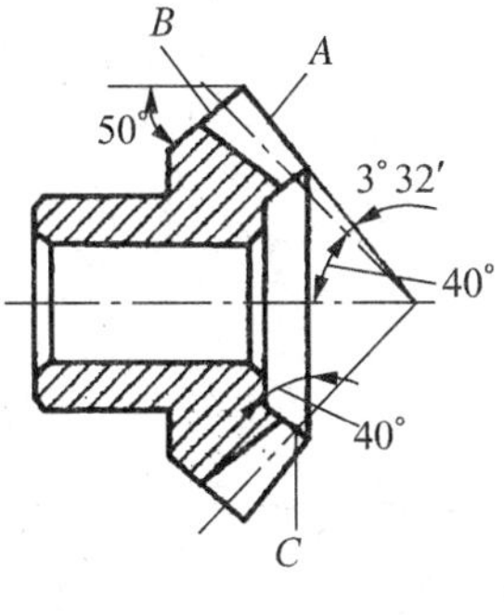 | $A$ 面逆时针 43°32′ | 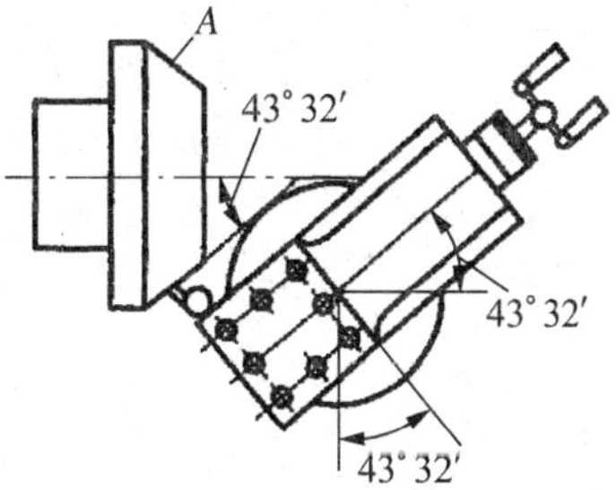 |
| | $B$ 面顺时针 50° | 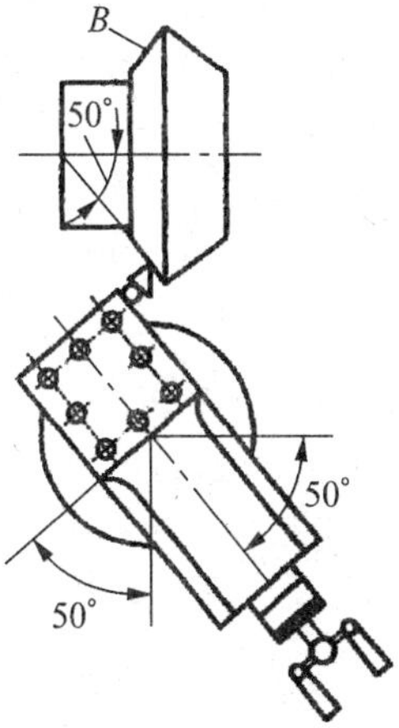 |
| | $C$ 面顺时针 50° | 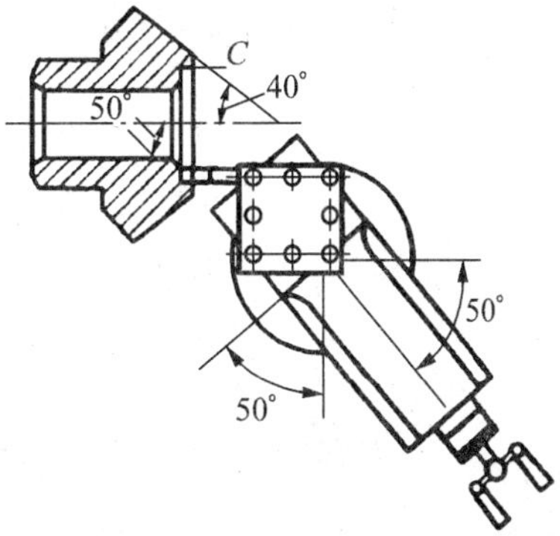 |

**2. 偏移尾座法**

在两顶尖之间车削外圆柱时，床鞍进给是平行于主轴轴线移动的，但尾座横向偏移一段距离 $s$ 后(图 3－14)，工件旋转中心与纵向进给方向相交成一个角度 $\alpha/2$，因此，工件就车成了圆锥。

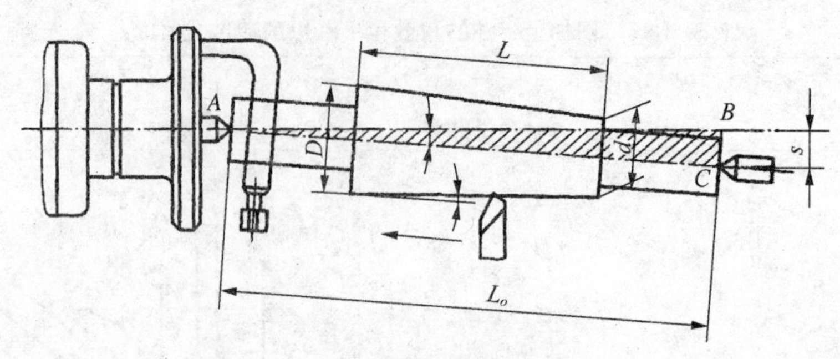


图 3－14　偏移尾座车圆锥的方法

用偏移尾座的方法车削圆锥时，必须注意尾座的偏移量不仅和圆锥长度 $L$ 有关，而且还和两顶尖之间的距离有关，这段距离一般可以近似看作工件全长 $L_o$。

尾座偏移量可根据公式(3－3)计算

$$s=\frac{D-d}{2L}L_o \text{ 或 } s=\frac{C}{2}L_o \tag{3-3}$$

式中：$s$——尾座偏移量(mm)；

$D$——大端直径(mm)；

$d$——小端直径(mm)；

$L$——圆锥长度(mm)；

$L_o$——工件全长(mm)；

$C$——锥度。

偏移尾座法车圆锥可以利用车床机动进给，车出的工件表面粗糙度较细，以及能车较长的圆锥。但因为受尾座偏移量的限制，不能车锥度很大的工件。用偏移尾座法车圆锥，只适

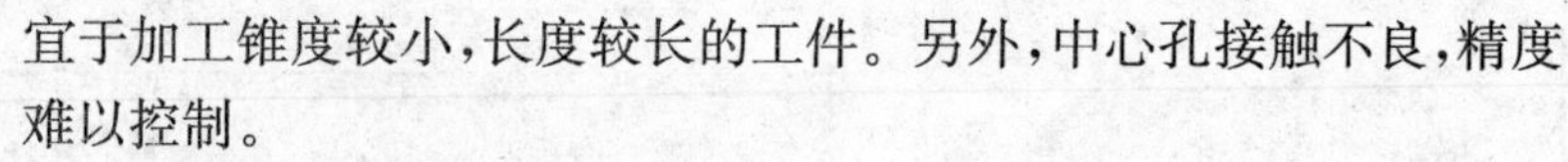

宜于加工锥度较小，长度较长的工件。另外，中心孔接触不良，精度难以控制。

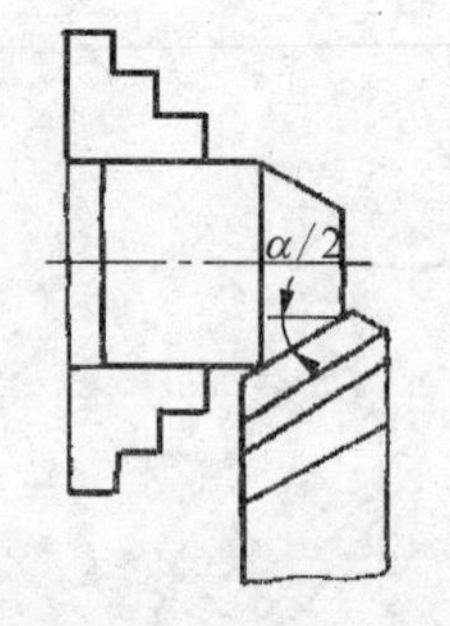


图 3－15　用宽刀刃车削圆锥

**3. 宽刃刀车削法**

在车削较短的圆锥时，可以用宽刃刀直接车出，见图 3－15。宽刃刀车削法，实质上是属于成形面车削法。因此，宽刃刀的切削刃必须平直，切削刃与主轴轴线的夹角应等于工件圆锥半角($\alpha/2$)。使用宽刃刀车圆锥时，车床必须具有很好的刚性，否则容易引起振动。当工件的圆锥斜面长度大于切削刃长度时，也可以用多次接刀方法加工，但接刀处必须平整。

### (三) 用游标万能角度尺检测圆锥面角度

用游标万能角度尺测量工件角度的方法见图 3 - 16。这种方法测量范围大，测量精度一般为 5′或 2′。

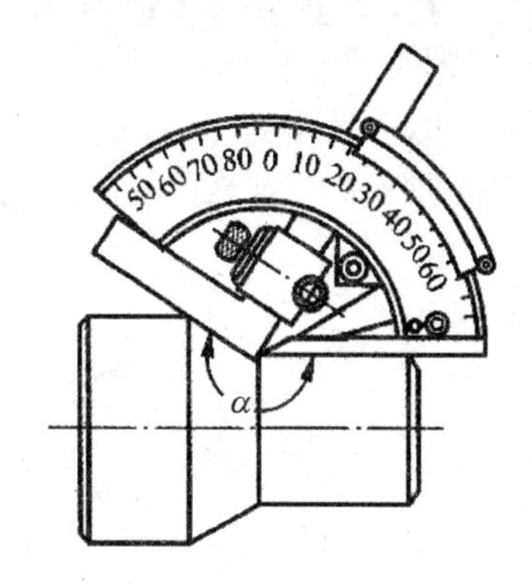


图 3 - 16　用游标万能角度尺测量工件角度的方法

# 任务 2　加工塔身

## 一、工作任务

完成图 3 - 17 所示的塔身零件加工。

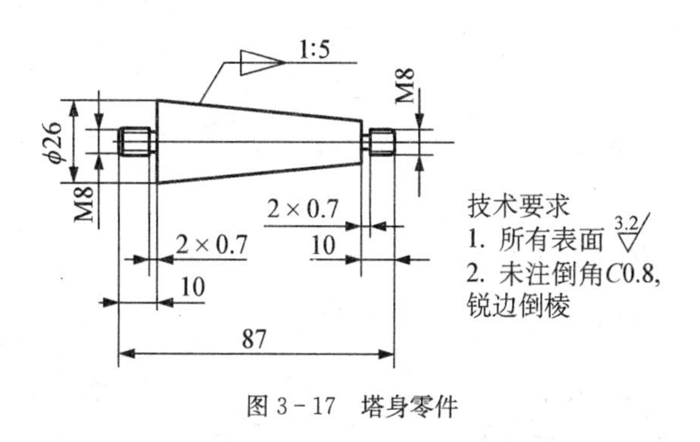


图 3 - 17　塔身零件

## 二、任务分析

塔身零件主要由 1∶5 的圆锥面和两端连接外螺纹等几何要素构成，此任务的难点是圆锥面车削、按外螺纹加工要求选用合适的工具加工外螺纹。通过编制该零件加工工艺和完成该零件加工任务，帮助学生学习巩固圆锥面加工及检测方法，掌握用板牙加工外螺纹的加工方法，训练车床基本操作技能。

## 三、知识链接

**1. 中心孔**

常用的中心孔有 A 型不带护锥中心孔及 B 型带护锥中心孔。

A 型不带护锥中心孔由圆柱和圆锥部分组成，如图 3－18(a)所示，圆锥角为 60°。中心孔前面的圆柱部分为中心孔公称尺寸，以毫米为单位。

B 型带护锥中心孔是在 A 型的端部多一个 120°的圆锥保护孔，目的是保护 60°锥孔，如图 3－18(b)所示。

特殊型中心孔有 C 型和 R 型两种。

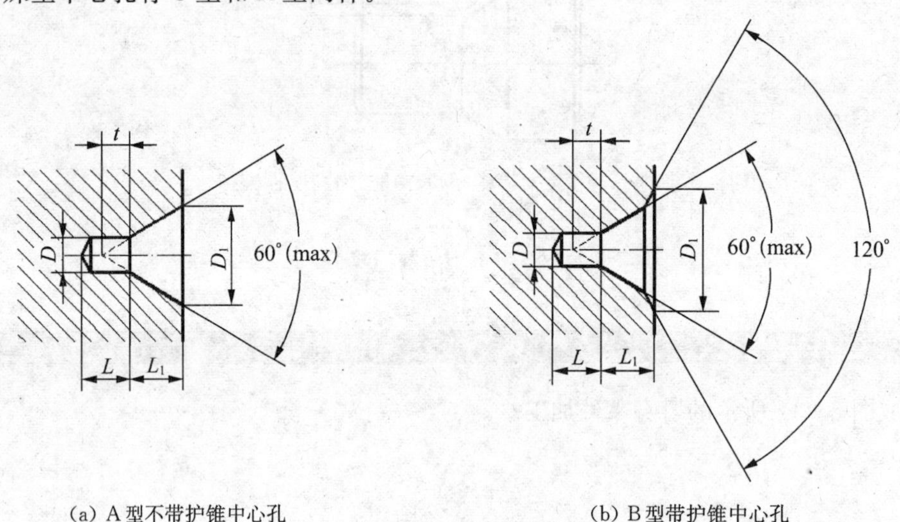


(a) A 型不带护锥中心孔　　(b) B 型带护锥中心孔

图 3－18　常见中心孔的类型

**2. 中心钻**

与中心孔相对应的中心钻是 A 型中心钻及 B 型中心钻，其结构及参数如图 3－19 所示。

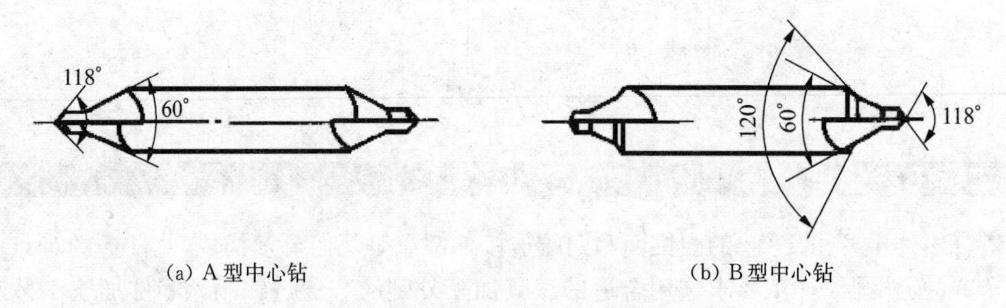


(a) A 型中心钻　　(b) B 型中心钻

图 3－19　常见中心钻结构与参数

**3. 中心孔的标注示例**

如图 3－20(a)所示：A 型不带护锥中心孔，导向孔直径 4 mm，锥形孔端面直径8.5 mm。锥形工作面粗糙度 $Ra$ 1.6 μm，以中心孔轴线为基准。

如图 3－20(b)所示：两端均为 B 型带护锥中心孔，导向孔直径 3.15 mm，锥形孔端面直径 10 mm。在完工的零件上不允许保留中心孔。

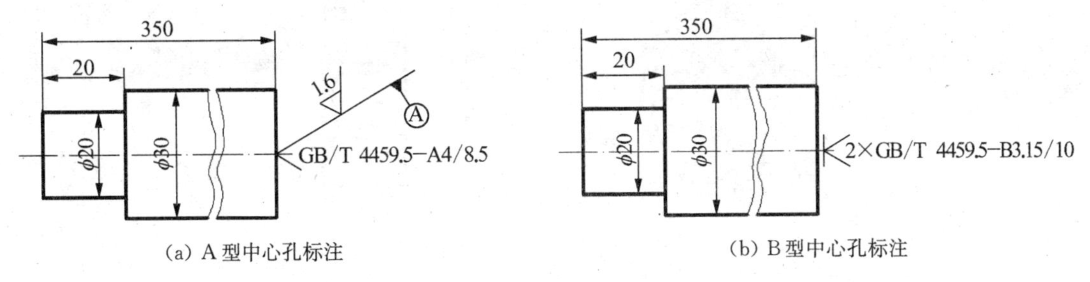


(a) A 型中心孔标注　　(b) B 型中心孔标注

图 3－20　中心孔标注示例

## 四、技能辅导

**(一) 套螺纹**

加工外螺纹常用方法可分为用螺纹车刀车削加工(图 3－21(a))和用板牙加工(图 3－21(b))两种方法。一般加工标准螺纹均选择用板牙加工方法。用板牙在圆杆上切削出外螺纹，称为套丝。

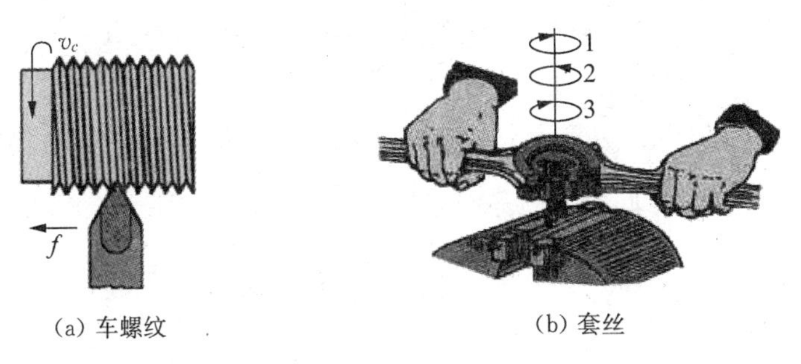


(a) 车螺纹　　(b) 套丝

图 3－21　外螺纹加工方法

**1. 套丝工具**

套丝工具有圆板牙和板牙架。

(1) 圆板牙

板牙是加工外螺纹的工具。常用的圆板牙如图 3－22 所示。其外圆上有 4 个锥坑和 1 条 V 形槽，图中下面 2 个锥坑，其轴线与板牙直径方向一致，借助板牙架上的两个相应位置的紧固螺钉顶紧，用以套丝时传递扭矩。当板牙磨损，套出的螺纹尺寸变大以致超出公差范围时，可用锯片砂轮沿板牙 V 形槽将板牙磨割出一条通槽，用板牙架上的另两个紧固螺钉拧紧，顶入板牙上面两个偏心的锥坑内，使板牙的螺纹中径变小，调整时，应使用标准样件进行尺寸校对。

(2) 板牙架

板牙架(见图 3－23)是用来夹持板牙、传递扭矩的工具，板牙架与板牙配套使用。

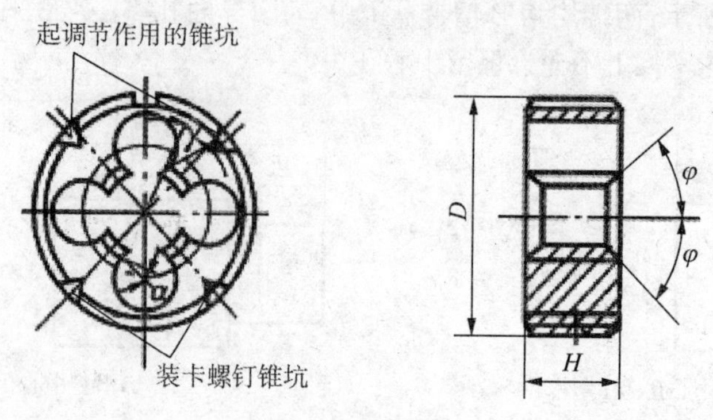


图 3-22　圆板牙

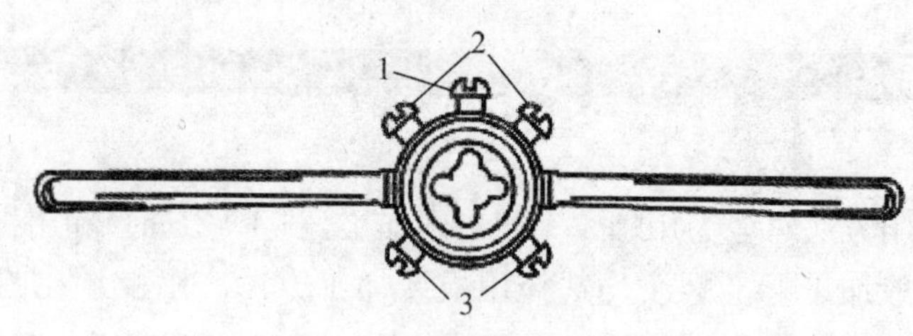


图 3-23　板牙架

1—撑开板牙螺钉　2—调整板牙螺钉　3—紧固板牙螺钉

**2. 套丝时圆杆直径的确定**

与攻丝一样，套丝切削过程中也有挤压作用，因此，圆杆直径要小于螺纹大径。圆杆直径大小可查表 3-7 或用下列经验计算式确定：

$$d_{杆} = d - 0.13P$$

式中：$d_{杆}$——圆杆直径；

$d$——螺纹大径；

$P$——螺距。

**表 3-7　套螺纹时圆杆直径尺寸(摘自《机械加工工艺人员手册》部分)(单位:mm)**

| 螺纹 | M6 | M8 | M10 | M12 | M14 | M16 | M20 | M22 | M24 |
|---|---|---|---|---|---|---|---|---|---|
| 螺距 | 1 | 1.25 | 1.5 | 1.75 | 2 | 2 | 2.5 | 2.5 | 3 |
| 最小直径 | 5.8 | 7.8 | 9.75 | 11.75 | 13.7 | 15.7 | 19.7 | 21.7 | 23.65 |
| 最大直径 | 5.9 | 7.9 | 9.85 | 11.9 | 13.85 | 15.85 | 19.85 | 21.8 | 23.8 |

**3. 端部倒角**

为了使板牙起套时容易切入工件并作正确的引导，圆杆端部要倒成锥半角为 15°～20°的锥体，如图 3-24 所示。其倒角的最小直径可略小于螺纹小径，使切出的螺纹端部避免出现锋口和卷边。

**4. 套丝**

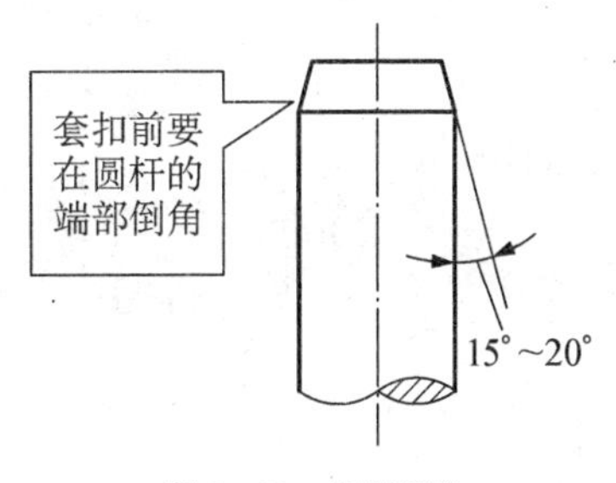

图 3-24 端部倒角

用虎钳装夹工件。为了防止圆杆夹持出现偏斜和夹出痕迹，圆杆应装夹在用硬木制成的V形钳口或软金属制成的衬垫(图 3-25)中，在加衬垫时工件套螺纹部分离钳口要尽量近，如图 3-26 所示。

(1) 起套　起套时，一手用手掌按住板牙架中部，沿圆杆的轴向施加压力，另一手配合做顺向切进，转动要慢，压力要大，并保证板牙端面与圆杆轴线的垂直，不可歪斜，如图 3-27所示。在板牙切入圆杆 2～3 牙时，再次检查其垂直度并及时借正。

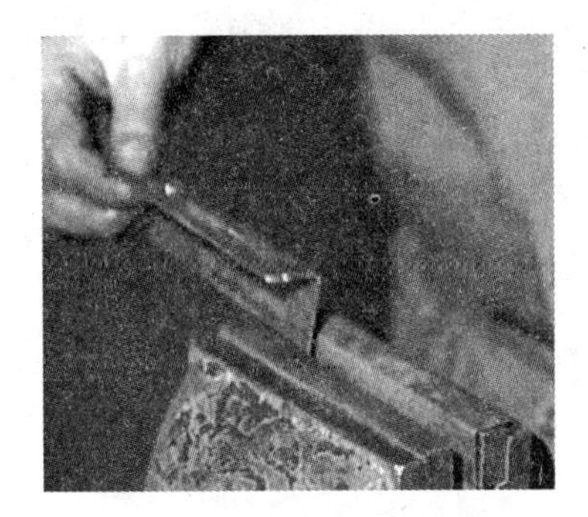
图 3-25 装夹时用金属衬垫

图 3-26 工件装夹

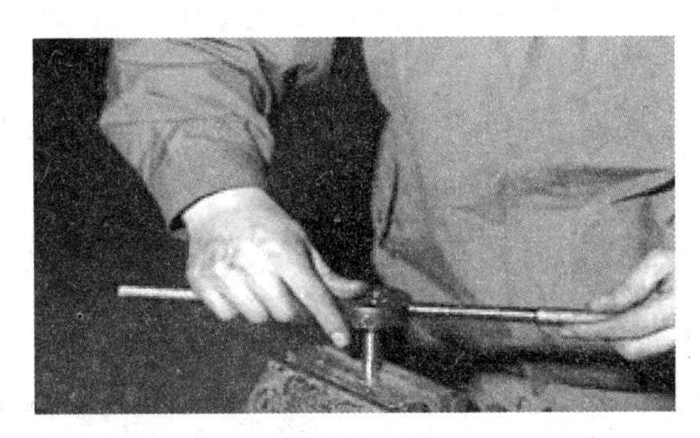
图 3-27 起套

(2) 正常套丝　不要加压，让板牙自然引进，以免损坏螺纹和板牙。也要经常倒转以断屑。在钢件上套丝时要加润滑冷却液，以减小加工螺纹的表面粗糙度和延长板牙使用寿命，可用机油或较浓的乳化液。套入规定的尺寸要求以后，退出板牙。退回板牙时用右手食指和拇指向逆时针方向旋转，并注意有没有切屑夹住，到端口处慢慢退出。

**(二) 钻中心孔方法**

1. 根据图纸的要求选择不同种类和不同规格的中心钻，用钻夹头装夹，用尾座校正，以保证中心钻和轴线同轴。

2. 工件端面必须车平，不允许出现小凸头。

3. 由于在工件轴心线上钻削，钻削线速度低，必须选用较高的转速（500～1000 r/min 左右），进给量要小。

4. 中心钻起钻时，进给速度要慢，钻入工件时要用毛刷加注切削液并及时退屑冷却，使钻削顺利，钻毕时应停留中心钻在中心孔中 2～3 s，然后退出，使中心孔光、圆、准确。中心孔的深度一般 A 型中心孔可钻出 60°锥度的 1/3～2/3，B 型中心孔必须要将 120°的保护锥钻出。

**（三）车圆锥面时工件装夹方法**

为了套螺纹时工件便于装夹，可在两端螺纹加工后车圆锥面，车圆锥面时工件采用两顶尖安装。

如图 3-28(a)所示。工件支承在前后两顶尖间，前顶尖用一段钢棒车成，夹在三爪卡盘上，卡盘的卡爪通过弯头鸡心夹头带动工件旋转。后顶尖装在尾架锥孔内固定不转。

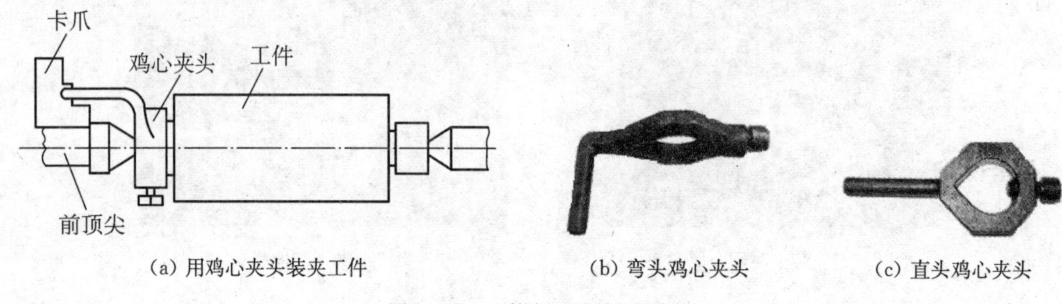


(a) 用鸡心夹头装夹工件　(b) 弯头鸡心夹头　(c) 直头鸡心夹头

图 3-28　工件在两顶尖之间安装

# 任务 3　加工塔颈

## 一、工作任务

完成图 3-29 所示的塔颈零件加工。

## 二、任务分析

塔颈零件主要由圆柱面、三处梯形槽及两端起连接作用的内、外螺纹等几何要素组成，该任务的难点主要是梯形槽加工及测量方法。通过编制该零件加工工艺和完成零件加工任务，帮助学生学习掌握槽加工及测量方法，巩固内、外螺纹的手工加工操作技能。

## 三、知识链接

**1. 加工盲孔内螺纹时，钻孔长度计算**

孔为盲孔（不通孔），由于丝锥不能攻到底，所以钻孔深度要大于螺纹长度，其大小按下式计算：

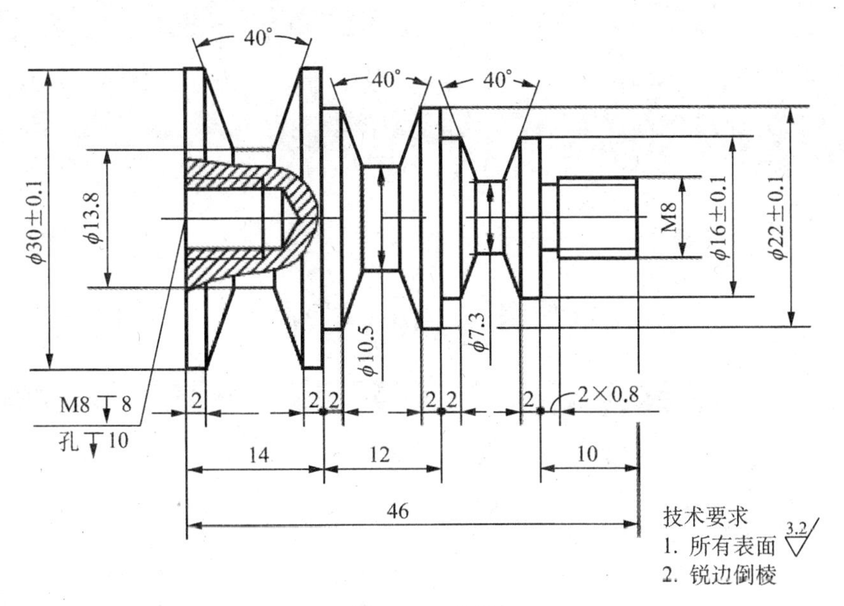


图 3-29　塔颈

孔的深度 = 要求的螺纹长度 + 0.7 螺纹大径

**2. 梯形槽车刀**

梯形槽车刀实质是一种成形车刀，如图 3-30 所示。

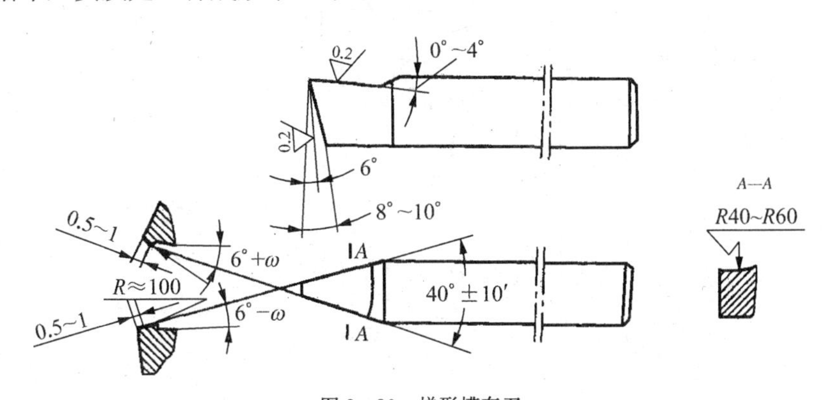


图 3-30　梯形槽车刀

梯形槽车刀要求左右切削刃间的夹角等于梯形槽两侧面夹角，切削刃直线度好，表面粗糙度低，为了省力、排屑好、获得较细的表面粗糙度，将车刀前面磨成圆弧形（半径 $R=40\sim60$ mm），且有较大的侧刃后角，同时在两侧刃后刀面可磨出 0.5～1 mm 切削刃带，以提高刀具强度。前角大于 0°时，应修正刀尖角。用这种车刀切削省力，排屑顺利，可获得较小表面粗糙度和较高的梯形精度。但车削时必须注意：车刀前端切削刃不能进行切削，只能精车两侧面。

## 四、技能辅导

用车削方法加工工件的槽称为车槽。根据截面不同可分为矩形槽及梯形槽等，车削时关键是切槽刀的几何参数的选择及其切削用量的合理选择。

梯形槽车削加工步骤是：先用切槽刀切出宽度为梯形槽底宽的槽，后用梯形槽车刀车出梯形槽。

# 任务4 加工塔顶

## 一、工作任务

车制图3－31所示塔顶零件。

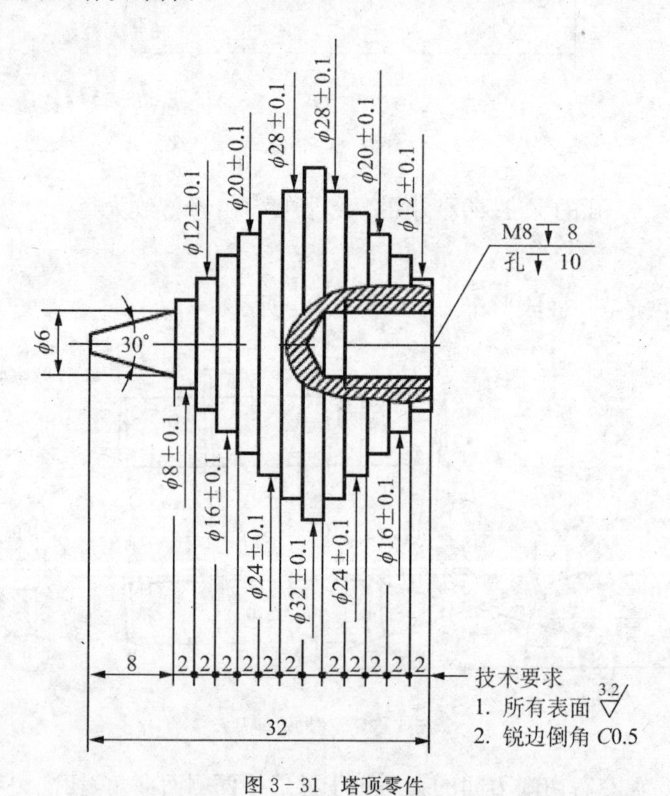


图3－31 塔顶零件

## 二、任务分析

塔顶零件主要由12处圆柱面、1处圆锥面及一端连接内螺纹等几何要素组成，任务的难点是圆锥面车削加工。通过编制该零件加工工艺和完成零件加工任务，帮助学生巩固圆锥面车削加工及测量、工件直径与长度控制、手工攻丝等基本操作技能。

# 机械加工技能实训

## 工作任务书

### 模块三　制作工艺塔

单　　位：______________________________

部　　门：______________________________

班　　级：______________________________

姓　　名：______________________________

学号(工号)：______________________________

起讫日期：______________________________

指导教师：______________________________

# 任务1 加工塔基

## 一、回答导向问题

1. 刃磨硬质合金车刀时是否需要冷却？为什么？

2. 塔基属于(回转体类、盘盖类、箱体类)零件，主要加工方法是什么？

3. 塔基零件中包含 M8 的内螺纹加工，加工方法选什么？应有哪些工具？

4. 塔基零件中包含圆锥面，在车床上加工圆锥面有哪些方法？

5. 本任务中，若采用转动小滑板法车圆锥面，则应顺时针还是逆时针转动？需转过的角度是多少？

## 二、制订工作计划

运用所学的知识与技能，完成塔基加工工作计划，并填入表 3-1-1 中。

表 3-1-1 塔基加工工作计划表

| 序号 | 加工内容 | 工艺装备 | | | 切削用量 | | |
|---|---|---|---|---|---|---|---|
| | | 机床 | 工具 | 量具 | 切削速度 | 进给量 | 背吃刀量 |
| | | | | | | | |
| | | | | | | | |
| | | | | | | | |
| | | | | | | | |
| | | | | | | | |
| | | | | | | | |

续 表

| 序号 | 加工内容 | 工艺装备 | | | 切削用量 | | |
|---|---|---|---|---|---|---|---|
| | | 机床 | 工具 | 量具 | 切削速度 | 进给量 | 背吃刀量 |
| | | | | | | | |
| | | | | | | | |
| | | | | | | | |
| | | | | | | | |
| | | | | | | | |

## 三、小组决策

由组长组织小组成员讨论，综合小组成员制订的塔基加工工作计划，确定本小组塔基加工工作计划，并填入表 3-1-2 中。

表 3-1-2 小组塔基加工工作计划表

| 小组成员 | | | | | 组长 | | |
|---|---|---|---|---|---|---|---|
| 序号 | 加工内容 | 工艺装备 | | | 切削用量 | | |
| | | 机床 | 刀具 | 量具 | $v_c$ | $f$ | $a_p$ |
| | | | | | | | |
| | | | | | | | |
| | | | | | | | |
| | | | | | | | |
| | | | | | | | |
| | | | | | | | |
| | | | | | | | |
| | | | | | | | |
| | | | | | | | |
| | | | | | | | |
| 指导教师审核签名 | | | | 日期 | | | |

## 四、严格遵守机床操作规定，独立完成塔基加工

### 1. 工量具准备

写出完成塔基加工所需的工量具，填入表 3-1-3 中。

表 3-1-3　工量具清单

| 序号 | 名称 | 规格 | 数量(/人、/组) |
| --- | --- | --- | --- |
| 1 | | | |
| 2 | | | |
| 3 | | | |
| … | | | |

**2. 加工塔基**

按小组制订的塔基加工工作计划表，完成塔基的加工，并填写生产过程记录表(表 3-1-4)和工作日志(表 3-1-5)。

表 3-1-4　生产过程记录表

| 序号 | 项目 | 完成情况 | | |
| --- | --- | --- | --- | --- |
| | | 自检记录 | 组内评价 | 指导教师评价 |
| 1 | 工件装夹、对刀 | | | |
| 2 | 车削端面、外圆 $\phi62\pm0.1$ | | | |
| 3 | 掉头车端面、保证总长<br>车外圆 $\phi62\pm0.1$ | | | |
| 4 | 钻螺纹底孔 | | | |
| 5 | $\phi52\times2$ 沉孔车削 | | | |
| 6 | 攻螺纹 M8 | | | |
| 7 | 圆锥面车削 | | | |
| 8 | 安全文明生产 | | | |

表 3-1-5　工作日志

| 日期 | 工作任务/工作阶段 | 遇到的问题和困难 | 问题的解决 |
| --- | --- | --- | --- |
| | | | |
| | | | |
| | | | |
| | | | |

续　表

| 日期 | 工作任务/工作阶段 | 遇到的问题和困难 | 问题的解决 |
| --- | --- | --- | --- |
| | | | |
| 备注： | | | |

**3. 安全文明生产**

遵守劳动纪律，进行安全文明生产，在实习生产过程中若有违反安全文明生产的情况，记录在表3-1-6中。

**表3-1-6　安全文明生产记录表**

| 违反安全文明生产情况记录 | 本人签名 | 组长签名 | 指导教师签名 |
| --- | --- | --- | --- |
| | | | |

## 五、检查与评价

**1. 自我评价与小组评价**

对加工完成的塔基零件按项目进行检测，对自己及组内成员完成的工作任务进行客观评价，并填写表3-1-7。

**表3-1-7　自我评价与小组评价表**

| 序号 | 项目与技术要求 | 配分 | 自检结果 | 组内互评结果 |
| --- | --- | --- | --- | --- |
| 1 | 外圆轴径 $\phi62\pm0.1$ | 5 | | |
| 2 | 长度尺寸20 | 5 | | |
| 3 | 长度尺寸10 | 5 | | |
| 4 | 圆锥面角度30° | 50 | | |
| 5 | 沉孔 $\phi52\times2$ | 10 | | |
| 6 | 内螺纹M8 | 20 | | |
| 7 | 粗糙度 $Ra$ 3.2 | 5 | | |
| 8 | 安全文明生产 | 违者酌情扣分 | | |
| 总计 | | 100 | | |
| 本人签名 | | 组长签名 | | |

**2. 教师评价**

结合学生加工完成的塔基零件及安全文明生产，完成本次任务评价，并填入表3-1-8中。

**表3-1-8　塔基零件加工质量检测表**

| 序号 | 检验项目 | 技术要求 | 测量工具 | 测量结果 | 得分 |
|---|---|---|---|---|---|
| 1 | 外圆轴径 | $\phi$62±0.1 | 0～150 mm游标卡尺 | | |
| 2 | 长度尺寸 | 20±0.2 | 0～150 mm游标卡尺 | | |
| 3 | 长度尺寸 | 10±0.2 | 0～150 mm游标卡尺 | | |
| 4 | 圆锥面角度 | 30°±0.2° | 万能角度尺 | | |
| 5 | 沉孔 | $\phi$52×2 | 0～150 mm游标卡尺 | | |
| 6 | 内螺纹 | M8 | M8螺钉 | | |
| 7 | 粗糙度 | *Ra* 3.2 | 粗糙度样板 | | |
| 8 | 安全文明生产 | | | | |
| 总计得分 | | | | | |
| 检验结果 | | 合格□　不合格□ | 指导教师 | | |

**3. 成绩汇总**

综合自我评价及组内互评、教师评价确定组内成员本次工作任务的综合成绩，填入表3-1-9中。

**表3-1-9　综合成绩统计表**

| 个人评价30% | 组内互评40% | 教师评价30% | 综合成绩 |
|---|---|---|---|
| | | | |

## 六、反思与提高

从制订工作计划、零件加工制作及检查评价结果三个方面对存在的问题进行反思，寻求解决方法，持续改进，完成表3-1-10。

**表3-1-10　问题分析表**

| 存在问题 | 产生原因 | 解决方法 |
|---|---|---|
| | | |

续 表

| 存在问题 | 产生原因 | 解决方法 |
| --- | --- | --- |
| | | |
| | | |

## 任务2　加工塔身

### 一、回答导向问题

1. M8外螺纹属于粗牙还是细牙螺纹？螺距是多少？

2. 用板牙加工M8螺纹时，圆柱直径应取多大？

3. 套丝时为防止工件被夹变形？应采用什么样的工艺措施？

4. 用游标万能角度尺测量1∶5圆锥面时，圆锥半角 $\alpha/2$ 是多少？

### 二、制订工作计划

运用所学的知识与技能，完成塔身加工工作计划，并填入表3－2－1中。

**表3－2－1　塔身加工工作计划表**

| 序号 | 加工内容 | 工艺装备 | | | 切削用量 | | |
| --- | --- | --- | --- | --- | --- | --- | --- |
| | | 机床 | 工具 | 量具 | 切削速度 | 进给量 | 背吃刀量 |
| | | | | | | | |
| | | | | | | | |

续 表

| 序号 | 加工内容 | 工艺装备 | | | 切削用量 | | |
|---|---|---|---|---|---|---|---|
| | | 机床 | 工具 | 量具 | 切削速度 | 进给量 | 背吃刀量 |
| | | | | | | | |
| | | | | | | | |
| | | | | | | | |
| | | | | | | | |
| | | | | | | | |
| | | | | | | | |
| | | | | | | | |
| | | | | | | | |
| | | | | | | | |

## 三、小组决策

由组长组织小组成员讨论，综合小组成员制订的塔身加工工作计划，确定本小组塔身加工工作计划，并填入表3-2-2中。

**表3-2-2 小组塔身加工工作计划表**

| 小组成员 | | | | | 组长 | | |
|---|---|---|---|---|---|---|---|
| 序号 | 加工内容 | 工艺装备 | | | 切削用量 | | |
| | | 机床 | 刀具 | 量具 | $v_c$ | $f$ | $a_p$ |
| | | | | | | | |
| | | | | | | | |
| | | | | | | | |
| | | | | | | | |
| | | | | | | | |
| | | | | | | | |
| | | | | | | | |
| | | | | | | | |
| | | | | | | | |
| | | | | | | | |
| 指导教师审核签名 | | | | | 日期 | | |

## 四、严格遵守机床操作规定，独立完成塔身加工

### 1. 工量具准备

写出完成塔身加工所需的工量具，填入表 3-2-3 中。

表 3-2-3　工量具清单

| 序号 | 名称 | 规格 | 数量(/人、/组) |
| --- | --- | --- | --- |
| 1 | | | |
| 2 | | | |
| 3 | | | |
| … | | | |

### 2. 加工塔身

按小组制订的塔身加工工作计划表，完成塔身的加工，并填写生产过程记录表(表 3-2-4)和工作日志(表 3-2-5)。

表 3-2-4　生产过程记录表

| 序号 | 项目 | 完成情况 | | |
| --- | --- | --- | --- | --- |
| | | 自检记录 | 组内评价 | 指导教师评价 |
| 1 | 三爪卡盘装夹工件，车端面，打中心孔 | | | |
| 2 | 车外圆 $\phi26$，车圆柱面 $\phi(7.85\pm0.05)\times10$ mm | | | |
| 3 | 切槽 $2\times0.7$ | | | |
| 4 | 掉头用三爪卡盘装夹工件，车端面，打中心孔，保证工件总长 | | | |
| 5 | 车外圆 $\phi26$，车圆柱面 $\phi(7.85\pm0.05)\times10$ mm | | | |
| 6 | 切槽 $2\times0.7$ | | | |
| 7 | 套两端 M8 螺纹 | | | |
| 8 | 两顶尖装夹工件，车圆锥面 | | | |
| 9 | 安全文明生产 | | | |

表 3-2-5 工作日志

| 日期 | 工作任务/工作阶段 | 遇到的问题和困难 | 问题的解决 |
| --- | --- | --- | --- |
| | | | |
| | | | |
| | | | |
| | | | |
| | | | |
| 备注： | | | |

**3. 安全文明生产**

遵守劳动纪律，进行安全文明生产，在实习生产过程中若有违反安全文明生产的情况记录在表 3-2-6 中。

表 3-2-6 安全文明生产记录表

| 违反安全文明生产情况记录 | 本人签名 | 组长签名 | 指导教师签名 |
| --- | --- | --- | --- |
| | | | |

## 五、检查与评价

**1. 自我评价与小组评价**

对加工完成的塔身零件按项目进行检测，对自己及组内成员完成的工作任务进行客观评价，并填写表 3-2-7。

表 3-2-7 自我评价与小组评价表

| 序号 | 项目与技术要求 | 配分 | 自检结果 | 组内互评结果 |
| --- | --- | --- | --- | --- |
| 1 | 总长 87 | 10 | | |
| 2 | 圆锥面长度 67 | 5 | | |

续 表

| 序号 | 项目与技术要求 | 配分 | 自检结果 | 组内互评结果 |
| --- | --- | --- | --- | --- |
| 3 | 直径 $\phi26$ | 10 | | |
| 4 | 1∶5 锥度 | 20 | | |
| 5 | 两处槽 2×0.7 | 20 | | |
| 6 | 两端螺纹 M8 | 20 | | |
| 7 | 粗糙度 $Ra$ 3.2 | 5 | | |
| 8 | 锐边倒棱 | 5 | | |
| 9 | 倒角 $C0.8$ | 5 | | |
| 10 | 安全文明生产 | 违者酌情扣分 | | |
| 总计 | | 100 | | |
| 本人签名 | | 组长签名 | | |

**2. 教师评价**

结合学生加工完成的塔身零件及安全文明生产，完成本次任务评价，并填入表3-2-8中。

**表3-2-8 塔身零件加工质量检测表**

| 序号 | 检验项目 | 技术要求 | 测量工具 | 测量结果 | 得分 |
| --- | --- | --- | --- | --- | --- |
| 1 | 总长 | 87±0.3 | 0～150 mm 游标卡尺 | | |
| 2 | 圆锥面长度 | 67±0.3 | 0～150 mm 游标卡尺 | | |
| 3 | 直径 | $\phi26\pm0.2$ | 0～150 mm 游标卡尺 | | |
| 4 | 圆锥面 | 1∶5 锥度 | 万能角度尺 | | |
| 5 | 两处槽 | 2×0.7 | 0～150 mm 游标卡尺 | | |
| 6 | 两端螺纹 | M8 | M8 螺母 | | |
| 7 | 粗糙度 | $Ra$ 3.2 | 粗糙度样板 | | |
| 8 | 倒角 | $C0.8$ | 目测 | | |
| 9 | 锐边倒棱 | / | 目测 | | |
| 10 | 安全文明生产 | | | | |
| 总计得分 | | | | | |
| 检验结果 | 合格□　不合格□ | | 指导教师 | | |

**3. 成绩汇总**

综合自我评价及组内互评、教师评价确定组内成员本次工作任务的综合成绩，并填入表

3-2-9 中。

表 3-2-9 综合成绩统计表

| 个人评价 30% | 组内互评 40% | 教师评价 30% | 综合成绩 |
| --- | --- | --- | --- |
| | | | |

## 六、反思与提高

从制订工作计划、零件加工制作及检查评价结果三个方面对存在的问题进行反思，寻求解决方法，持续改进，完成表 3-2-10。

表 3-2-10 问题分析表

| 存在问题 | 产生原因 | 解决方法 |
| --- | --- | --- |
| | | |
| | | |
| | | |

# 任务 3 加工塔颈

## 一、回答导向问题

1. 钻 M8 内螺纹底孔时，麻花直径应取多大？钻孔深度应如何确定？取多深？

2. 切槽(切断)刀主切削刃的宽度如何确定？

## 二、制订工作计划

运用所学的知识与技能，完成塔颈加工工作计划，并填入表 3－3－1 中。

表 3－3－1 塔颈加工工作计划表

| 序号 | 加工内容 | 工艺装备 | | | 切削用量 | | |
|---|---|---|---|---|---|---|---|
| | | 机床 | 工具 | 量具 | 切削速度 | 进给量 | 背吃刀量 |
| | | | | | | | |
| | | | | | | | |
| | | | | | | | |
| | | | | | | | |
| | | | | | | | |
| | | | | | | | |
| | | | | | | | |
| | | | | | | | |
| | | | | | | | |
| | | | | | | | |
| | | | | | | | |

## 三、小组决策

由组长组织小组成员讨论，综合小组成员制订的塔颈加工工作计划，确定本小组塔颈加工工作计划，并填入表 3－3－2 中。

表 3－3－2 小组塔颈加工工作计划表

| 小组成员 | | | | | 组长 | | |
|---|---|---|---|---|---|---|---|
| 序号 | 加工内容 | 工艺装备 | | | 切削用量 | | |
| | | 机床 | 刀具 | 量具 | $v_c$ | $f$ | $a_p$ |
| | | | | | | | |
| | | | | | | | |
| | | | | | | | |
| | | | | | | | |
| | | | | | | | |
| | | | | | | | |

续 表

| 序号 | 加工内容 | 工艺装备 | | | 切削用量 | | |
|---|---|---|---|---|---|---|---|
| | | 机床 | 刀具 | 量具 | $v_c$ | $f$ | $a_p$ |
| | | | | | | | |
| | | | | | | | |
| | | | | | | | |
| | | | | | | | |
| 指导教师审核签名 | | | | 日期 | | | |

## 四、严格遵守机床操作规定，独立完成塔颈加工

### 1. 工量具准备

写出完成塔颈加工所需的工量具，填入表 3－3－3 中。

表 3－3－3　工量具清单

| 序号 | 名称 | 规格 | 数量(/人、/组) |
|---|---|---|---|
| 1 | | | |
| 2 | | | |
| 3 | | | |
| … | | | |

### 2. 加工塔颈

按小组制订的塔颈加工工作计划表，完成塔颈的加工，并填写生产过程记录表(表 3－3－4)和工作日志(表 3－3－5)。

表 3－3－4　生产过程记录表

| 序号 | 项目 | 完成情况 | | |
|---|---|---|---|---|
| | | 自检记录 | 组内评价 | 指导教师评价 |
| 1 | 三爪卡盘装夹工件，车端面，车 $\phi$ 30 mm 外圆，车 $\phi$22×32 mm 外圆，车 $\phi$16×20 mm 外圆，车 $\phi$(7.85±0.05)×10 mm 外圆 | | | |
| 2 | 切槽 $\phi$10.5×4，切槽 $\phi$7.3×3，切槽 2×0.8 | | | |

续　表

| 序号 | 项目 | 完成情况 | | |
| --- | --- | --- | --- | --- |
| | | 自检记录 | 组内评价 | 指导教师评价 |
| 3 | 车梯形槽两处至要求 | | | |
| 4 | 掉头三爪卡盘装夹工件，车端面保证总长，车 $\phi$30 mm 外圆 | | | |
| 5 | 切槽 $\phi$13.8×4 | | | |
| 6 | 车梯形槽至要求 | | | |
| 7 | 钻 M8 螺纹底孔 $\phi$6.7×13.5 mm | | | |
| 8 | 套 M8 外螺纹，攻 M8 内螺纹 | | | |
| 9 | 安全文明生产 | | | |

表 3-3-5　工作日志

| 日期 | 工作任务/工作阶段 | 遇到的问题和困难 | 问题的解决 |
| --- | --- | --- | --- |
| | | | |
| | | | |
| | | | |
| | | | |
| | | | |
| 备注： | | | |

**3. 安全文明生产**

遵守劳动纪律，进行安全文明生产，在实习生产过程中若有违反安全文明生产的情况，记录在表 3-3-6 中。

表 3－3－6　安全文明生产记录表

| 违反安全文明生产情况记录 | 本人签名 | 组长签名 | 指导教师签名 |
|---|---|---|---|
| | | | |

## 五、检查与评价

### 1. 自我评价与小组评价

对加工完成的塔颈零件按项目进行检测，对自己及组内成员完成的工作任务进行客观评价，并填写表 3－3－7。

表 3－3－7　自我评价与小组评价表

| 序号 | 项目与技术要求 | 配分 | 自检结果 | 组内互评结果 |
|---|---|---|---|---|
| 1 | 圆柱面 $\phi(30\pm0.1)\times14$ | 5 | | |
| | 圆柱面 $\phi(22\pm0.1)\times12$ | 5 | | |
| | 圆柱面 $\phi(16\pm0.1)\times10$ | 5 | | |
| 2 | 总长 $46\pm0.3$ | 10 | | |
| 3 | 梯形槽 $\phi(13.8\pm0.2)\times4$，$40°$ | 15 | | |
| | 梯形槽 $\phi(10.5\pm0.2)\times4$，$40°$ | 15 | | |
| | 梯形槽 $\phi(7.3\pm0.2)\times3$，$40°$ | 15 | | |
| 4 | 左端内螺纹 M8 | 10 | | |
| 5 | 右端外螺纹 M8 | 5 | | |
| 6 | 粗糙度 $Ra$ 3.2 | 15 | | |
| 7 | 安全文明生产 | 违者酌情扣分 | | |
| 总计 | | 100 | | |
| 本人签名 | | | 组长签名 | |

### 2. 教师评价

结合学生加工完成的塔颈零件及安全文明生产，完成本次任务评价，并填入表 3－3－8 中。

表 3－3－8　塔颈零件加工质量检测表

| 序号 | 检验项目 | 技术要求 | 测量工具 | 测量结果 | 得分 |
|---|---|---|---|---|---|
| 1 | 圆柱面 | $\phi(30\pm0.1)\times14$ | 游标卡尺 | | |

续　表

| 序号 | 检验项目 | 技术要求 | 测量工具 | 测量结果 | 得分 |
|---|---|---|---|---|---|
| 2 | 圆柱面 | $\phi(22\pm0.1)\times12$ | 游标卡尺 | | |
| 3 | 圆柱面 | $\phi(16\pm0.1)\times10$ | 游标卡尺 | | |
| 4 | 总长 | $46\pm0.3$ | 游标卡尺 | | |
| 5 | 梯形槽 | $\phi(13.8\pm0.2)\times4$，$40^\circ$ | 游标卡尺、样板 | | |
| 6 | 梯形槽 | $\phi(10.5\pm0.2)\times4$，$40^\circ$ | 游标卡尺、样板 | | |
| 7 | 梯形槽 | $\phi(7.3\pm0.2)\times3$，$40^\circ$ | 游标卡尺、样板 | | |
| 8 | 左端内螺纹 | M8 | 螺纹量规 | | |
| 9 | 右端外螺纹 | M8 | 螺纹量规 | | |
| 10 | 粗糙度 | *Ra* 3.2 | 粗糙度样板 | | |
| 11 | 安全文明生产 | | | | |
| 总计得分 | | | | | |
| 检验结果 | 合格□　不合格□ | | 指导教师 | | |

**3. 成绩汇总**

综合自我评价及组内互评、教师评价确定组内成员本次工作任务的综合成绩，并填入表3-3-9中。

表 3-3-9　综合成绩统计表

| 个人评价 30% | 组内互评 40% | 教师评价 30% | 综合成绩 |
|---|---|---|---|
| | | | |

## 六、反思与提高

从制订工作计划、零件加工制作及检查评价结果三个方面对存在的问题进行反思，寻求解决方法，持续改进，完成表 3-3-10。

表 3-3-10　问题分析表

| 存在问题 | 产生原因 | 解决方法 |
|---|---|---|
| | | |

续　表

| 存在问题 | 产生原因 | 解决方法 |
| --- | --- | --- |
| | | |
| | | |

# 任务4　加工塔顶

## 一、回答导向问题

1．刃磨硬质合金车刀与刃磨高速钢车刀选用砂轮的材质有何区别？

2．利用转动小滑板法车30°圆锥面，转动小滑板的角度是多少？

## 二、制订工作计划

运用所学的知识与技能，完成塔顶加工工作计划，并填入表3-4-1中。

**表3-4-1　塔顶加工工作计划表**

| 序号 | 加工内容 | 工艺装备 | | | 切削用量 | | |
| --- | --- | --- | --- | --- | --- | --- | --- |
| | | 机床 | 工具 | 量具 | 切削速度 | 进给量 | 背吃刀量 |
| | | | | | | | |
| | | | | | | | |
| | | | | | | | |
| | | | | | | | |
| | | | | | | | |

续 表

| 序号 | 加工内容 | 工艺装备 | | | 切削用量 | | |
|---|---|---|---|---|---|---|---|
| | | 机床 | 工具 | 量具 | 切削速度 | 进给量 | 背吃刀量 |
| | | | | | | | |
| | | | | | | | |
| | | | | | | | |
| | | | | | | | |
| | | | | | | | |
| | | | | | | | |

## 三、小组决策

由组长组织小组成员讨论，综合小组成员制订的塔顶加工工作计划，确定本小组塔顶加工工作计划，并填入表3-4-2中。

表3-4-2　小组塔顶加工工作计划表

| 小组成员 | | | | | 组长 | | |
|---|---|---|---|---|---|---|---|
| 序号 | 加工内容 | 工艺装备 | | | 切削用量 | | |
| | | 机床 | 刀具 | 量具 | $v_c$ | $f$ | $a_p$ |
| | | | | | | | |
| | | | | | | | |
| | | | | | | | |
| | | | | | | | |
| | | | | | | | |
| | | | | | | | |
| | | | | | | | |
| | | | | | | | |
| | | | | | | | |
| | | | | | | | |
| 指导教师审核签名 | | | 日期 | | | | |

## 四、严格遵守机床操作规定，独立完成塔顶加工

**1. 工量具准备**

写出完成塔顶加工所需的工量具，填入表3-4-3中。

表 3-4-3　工量具清单

| 序号 | 名称 | 规格 | 数量(/人、/组) |
|---|---|---|---|
| 1 | | | |
| 2 | | | |
| 3 | | | |
| … | | | |

**2. 加工塔顶**

按小组制订的塔顶加工工作计划表，完成塔顶的加工，并填写生产过程记录表(表 3-4-4)和工作日志(表 3-4-5)。

表 3-4-4　生产过程记录表

| 序号 | 项目 | 完成情况 | | |
|---|---|---|---|---|
| | | 自检记录 | 组内评价 | 指导教师评价 |
| 1 | 三爪卡盘装夹工件，车端面 | | | |
| 2 | 车外圆 $\phi32$，<br>车台阶 $\phi28\times10$，<br>车台阶 $\phi24\times8$，<br>车台阶 $\phi20\times6$，<br>车台阶 $\phi16\times4$，<br>车台阶 $\phi12\times2$ | | | |
| 3 | 倒角 C0.5 六处 | | | |
| 4 | 钻螺纹 M8 底孔，攻 M8 螺纹 | | | |
| 5 | 掉头装夹工件，注意伸出长度，车端面，保证总长 32 | | | |
| 6 | 车台阶 $\phi28\times20$，<br>车台阶 $\phi24\times18$，<br>车台阶 $\phi20\times16$，<br>车台阶 $\phi16\times14$，<br>车台阶 $\phi12\times12$，<br>车台阶 $\phi8\times10$，<br>车台阶 $\phi6\times8$ | | | |
| 7 | 倒角 C0.5 七处 | | | |
| 8 | 车圆锥 | | | |
| 9 | 安全文明生产 | | | |

表 3-4-5 工作日志

| 日期 | 工作任务/工作阶段 | 遇到的问题和困难 | 问题的解决 |
|---|---|---|---|
| | | | |
| | | | |
| | | | |
| 备注： | | | |

**3. 安全文明生产**

遵守劳动纪律，进行安全文明生产，在实习生产过程中若有违反安全文明生产的情况，记录在表 3-4-6 中。

表 3-4-6 安全文明生产记录表

| 违反安全文明生产情况记录 | 本人签名 | 组长签名 | 指导教师签名 |
|---|---|---|---|
| | | | |

## 五、检查与评价

**1. 自我评价与小组评价**

对加工完成的塔顶零件按项目进行检测，对自己及组内成员完成的工作任务进行客观评价，并填写表 3-4-7。

表 3-4-7 自我评价与小组评价表

| 序号 | 项目与技术要求 | 配分 | 自检结果 | 组内互评结果 |
|---|---|---|---|---|
| 1 | 圆柱面 12 处 | 5×12 | | |
| 2 | 倒角 $C0.5$ 共 13 处 | 10 | | |
| 3 | 圆锥，30° | 15 | | |
| 4 | 内螺纹，M8，深度 8 mm | 10 | | |
| 5 | 粗糙度 $Ra$ 3.2 | 5 | | |

续 表

| 序号 | 项目与技术要求 | 配分 | 自检结果 | 组内互评结果 |
| --- | --- | --- | --- | --- |
| 6 | 安全文明生产 | 违者酌情扣分 | | |
| 总计 | | 100 | | |
| 本人签名 | | 组长签名 | | |

**2. 教师评价**

结合学生加工完成的塔顶零件及安全文明生产，完成本次任务评价，并填入表3-4-8中。

**表3-4-8 塔顶零件加工质量检测表**

| 序号 | 检验项目 | 技术要求 | 测量工具 | 测量结果 | 得分 |
| --- | --- | --- | --- | --- | --- |
| 1 | 圆柱面12处 | 直径±0.1 | 游标卡尺 | | |
| 2 | 倒角 *C*0.5 共13处 | / | / | | |
| 3 | 圆锥面 | 圆锥角 30°±0.2° | 万能角度尺 | | |
| 4 | 内螺纹 | M8，深度 8 mm | 螺纹量规 | | |
| 5 | 粗糙度 | *Ra* 3.2 | 粗糙度样板 | | |
| 6 | 安全文明生产 | | | | |
| 总计得分 | | | | | |
| 检验结果 | 合格□ 不合格□ | 指导教师 | | | |

**3. 成绩汇总**

综合自我评价及组内互评、教师评价确定组内成员本次工作任务的综合成绩，并填入表3-4-9中。

**表3-4-9 综合成绩统计表**

| 个人评价 30% | 组内互评 40% | 教师评价 30% | 综合成绩 |
| --- | --- | --- | --- |
| | | | |

## 六、反思与提高

从制订工作计划、零件加工制作及检查评价结果三个方面对存在的问题进行反思，寻求解决方法，持续改进，完成表3-4-10。

表 3-4-10　问题分析表

| 存在问题 | 产生原因 | 解决方法 |
| --- | --- | --- |
| | | |
| | | |
| | | |

# 模块四　制作千斤顶

**知识目标**

1. 熟悉常用车床的规格、结构、性能、传动系统，掌握其调整方法；
2. 能合理选用常用刀具；
3. 了解车工常用工具、量具的结构，并掌握其使用方法；
4. 了解金属切削原理，并能合理地选择切削用量。

**技能目标**

1. 能合理地选择定位基准和选择中等复杂工件的装夹方法；
2. 能掌握实际操作中的相关计算；
3. 会车内、外梯形螺纹；
4. 能对工件进行质量分析，并提出产生废品的原因和防止方法。

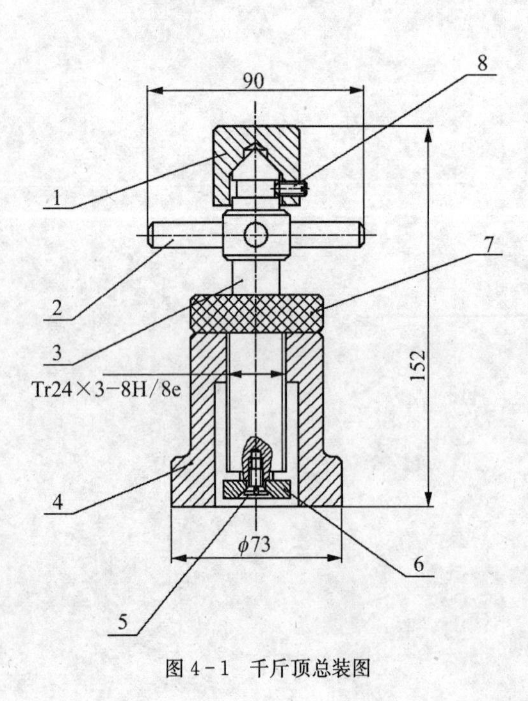


图 4 - 1　千斤顶总装图

千斤顶是由圆棒料通过车削加工得到的工具，通过千斤顶的制作加工使同学们感觉到千斤顶即有实用性又有趣味性，并且在原有的车削基础上提升同学们车削加工内、外梯形螺纹的操作技能。

由图 4 - 1 可知千斤顶由支撑垫、手柄、螺杆、底座、挡板、防松螺母等六个主要零件组成。

# 任务1　加工螺杆

## 一、工作任务

加工制作如图 4-2 所示螺杆工件。

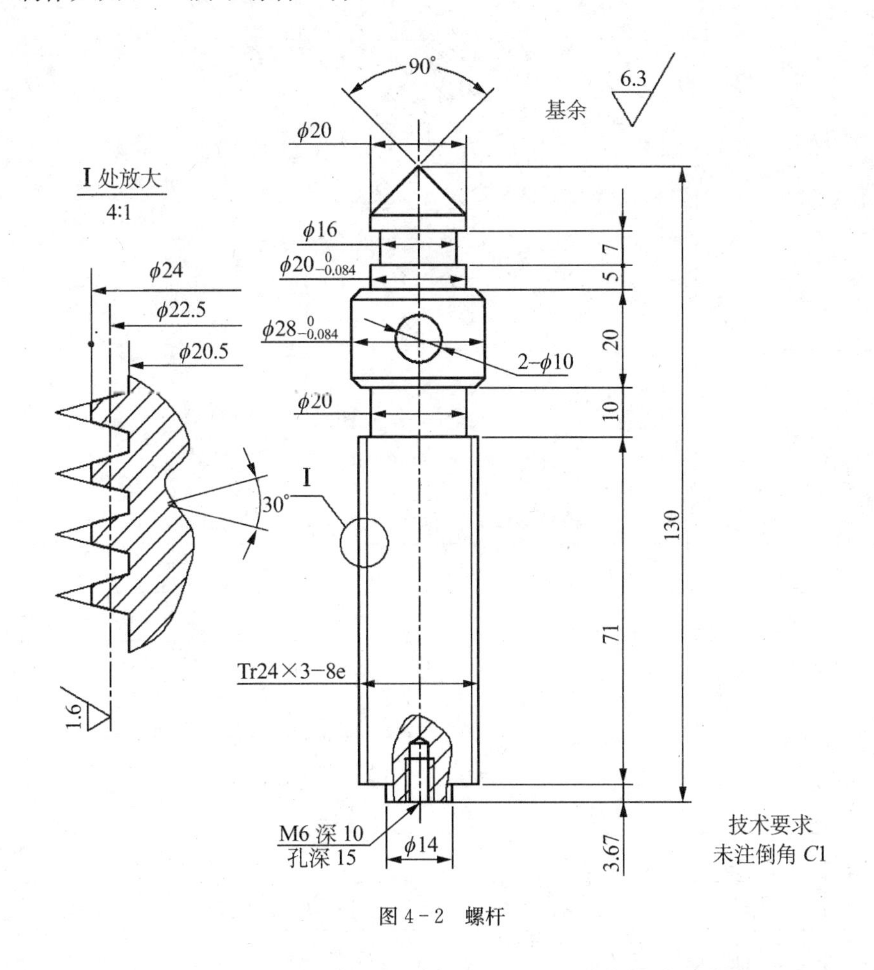


图 4-2　螺杆

## 二、任务分析

图 4-2 所示螺杆主要由槽、外圆、M6 内螺纹、$\phi$10 孔、梯形螺纹、圆锥等几何要素组成。本任务重点和难点是梯形螺纹加工与检测，通过编制该零件加工工艺和完成零件加工任务，帮助学生学习掌握梯形螺纹的加工及测量方法，巩固车槽、车圆锥面、钻孔、手工攻螺纹等操作技能。

## 三、知识链接

梯形螺纹的轴向剖面形状是一个等腰梯形，一般作传动用，精度高；如车床上的长丝杠和中小滑板的丝杠等。

**1. 梯形螺纹的尺寸计算**

国家标准规定梯形螺纹的牙型角为30°。下面就介绍30°牙型角的梯形螺纹。如图4-3所示。梯形螺纹各部分名称、代号及计算公式见表4-1。梯形螺纹牙型尺寸见表4-2。

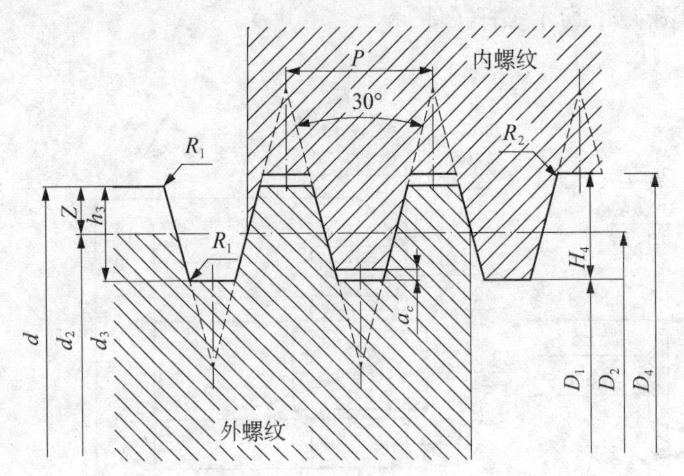


图4-3 梯形螺纹的牙型

**表4-1 梯形螺纹各部分名称、代号及计算公式**

| 名称 | | 代号 | 计算公式 | | | |
|---|---|---|---|---|---|---|
| 牙型角 | | $\alpha$ | $\alpha=30°$ | | | |
| 螺距 | | $P$ | 由螺纹标准确定 | | | |
| 牙顶间隙 | | $a_c$ | $P$ | 1.5～5 | 6～12 | 14～44 |
| | | | $a_c$ | 0.25 | 0.5 | 1 |
| 外螺纹 | 大径 | $d$ | 公称直径 | | | |
| | 中径 | $d_2$ | $d_2=d-0.5P$ | | | |
| | 小径 | $d_3$ | $d_3=d-2h_3$ | | | |
| | 牙高 | $h_3$ | $h_3=0.5P+a_c$ | | | |
| 内螺纹 | 大径 | $D_4$ | $D_4=d+2a_c$ | | | |
| | 中径 | $D_2$ | $D_2=d_2$ | | | |
| | 小径 | $D_1$ | $D_1=d-P$ | | | |
| | 牙高 | $H_4$ | $H_4=h_3$ | | | |
| 牙顶宽 | | $f$、$f'$ | $f=f'=0.366P$ | | | |
| 牙槽底宽 | | $W$、$W'$ | $W=W'=0.366P-0.536a_c$ | | | |

表 4-2　梯形螺纹牙型尺寸(螺距从 2～16)

| 螺距($P$) | 外螺纹牙高($h_3$) | 牙顶宽($f$) | 牙槽底宽($W$) |
|---|---|---|---|
| 2 | 1.25 | 0.73 | 0.60 |
| 3 | 1.75 | 1.10 | 0.97 |
| 4 | 2.25 | 1.46 | 1.33 |
| 5 | 2.75 | 1.83 | 1.70 |
| 6 | 3.50 | 2.20 | 1.93 |
| 8 | 4.50 | 2.93 | 2.66 |
| 10 | 5.50 | 3.66 | 3.39 |
| 12 | 6.50 | 4.39 | 4.12 |
| 16 | 9.00 | 5.86 | 5.32 |

**2. 梯形螺纹的公差制**

(1) 梯形螺纹公差带的位置

内螺纹的大、中、小径只有一种公差带位置 H,其基本偏差为零;外螺纹大径和小径也只有一种公差带位置 h;外螺纹中径有三种公差带位置 h、e 和 c,基本偏差值可查相应手册。

(2) 梯形螺纹公差带的大小

外螺纹小径的公差等级和中径相同,各直径的各级公差规定见表 4-3。

表 4-3　梯形螺纹公差带的大小

| 直　径 | 公 差 等 级 | 直　径 | 公 差 等 级 |
|---|---|---|---|
| 内螺纹小径 | 4 | 外螺纹中径 | 7、8、9 |
| 内螺纹中径 | 7、8、9 | 外螺纹小径 | 7、8、9 |
| 外螺纹大径 | 4 | | |

以上各直径的各级公差值可查相应手册。

(3) 梯形螺纹精度的划分和公差带的选择

梯形螺纹分为中等级和粗糙级两个精度级别,一般情况下均采用中等精度级,只在要求不高或制造有困难时才使用粗糙级。对于这两种精度的螺纹推荐采用表 4-4 所列出的公差带。表中 N 代表中等旋合长度,L 代表长旋合长度。

表 4-4　梯形螺纹公差带的选择

| 精　度 | 内 螺 纹 | | 外 螺 纹 | |
|---|---|---|---|---|
| | N | L | N | L |
| 中　等 | 7H | 8H | 7h、7e | 8e |
| 粗　糙 | 8H | 9H | 8e、8c | 9c |

备注:当组成螺纹配合时,允许选择内、外螺纹的任意两个公差带,不要求内、外螺纹的精度级别相同。

**3. 梯形螺纹的标记**

梯形螺纹的标记由梯形螺纹的代号、公差带代号和旋合长度组别代号三部分组成。其中的公差带代号是指中径公差带，这是因为标准对内螺纹小径和外螺纹大径仅规定了一种公差带，没有必要对它们进行标记。另外只在旋合长度属 L 组时需在公差带代号之后注出旋合长度的组别代号 L。当旋合长度属 N 组时则应省去组别代号 N，所以多数梯形螺纹是不需要标记旋合长度组别代号的。具体示例如下。

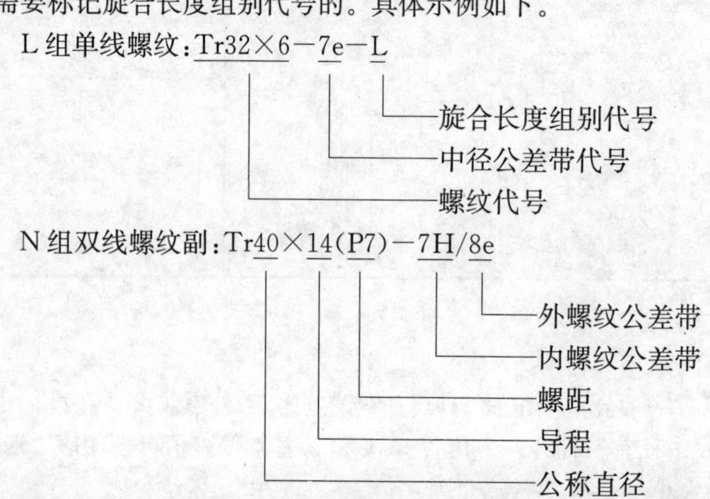


## 四、技能辅导

**1. 梯形螺纹的一般技术要求**

(1) 螺纹中径必须与基准轴颈同轴，其大径尺寸应小于基本尺寸。

(2) 车梯形螺纹必须保证中径尺寸公差。

(3) 螺纹的牙型角要正确。

(4) 螺纹两侧面表面粗糙度值要低。

**2. 梯形螺纹车刀刃磨**

梯形螺纹车刀可分为粗车刀(图 4-4)和精车刀(图 4-5)两种。

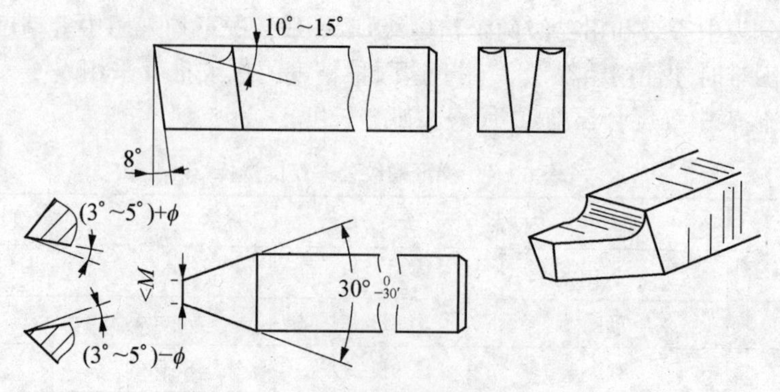


图 4-4　高速钢梯形螺纹粗车刀

(1) 梯形螺纹车刀的角度

① 两刃夹角　粗车刀应小于牙型角，精车刀应等于牙型角 $\alpha$。

② 刀头宽度　粗车刀的刀头宽度应小于牙槽底宽，以保证留有精加工余量，可取 1/3 的螺距宽。精车刀的刀尖宽应等于牙槽底宽减 0.05 mm。

③ 纵向前角 $\gamma_P$　粗车刀一般为 15°左右，精车刀为了保证牙型角正确，前角应等于 0，但实际生产时取 5°～10°。

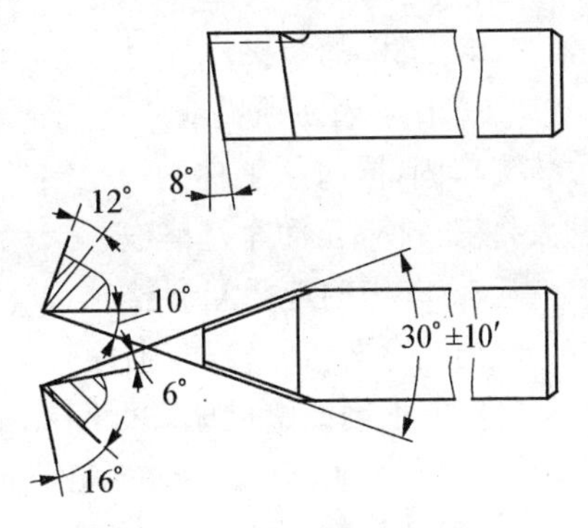

图 4-5　高速钢梯形螺纹精车刀

④ 纵向后角 $\alpha_P$　一般为 6°～8°。

⑤ 车右螺纹时，两侧刀刃后角　$\alpha_{fL} = (3° \sim 5°) + \phi$，$\alpha_{fR} = (3° \sim 5°) - \phi$。

(2) 梯形螺纹的刃磨要求

① 用样板(图 4-6)校对刃磨两刀刃夹角。

② 有纵向前角的两刃夹角应进行修正。

③ 车刀刃口要光滑、平直、无虚刃，两侧副刀刃必须对称，刀头不能歪斜。

④ 用油石研磨去各刀刃的毛刺。

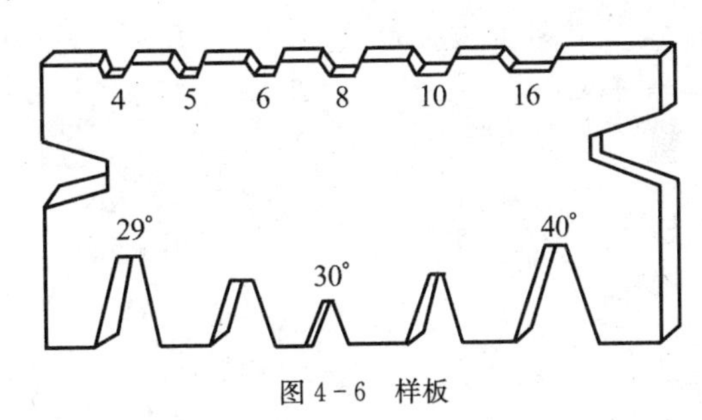

图 4-6　样板

### 3. 梯形螺纹车刀的选择和装夹

(1) 车刀的选择

车梯形螺纹时通常采用低速车削，故选用高速钢螺纹车刀。高速钢梯形螺纹精车刀两侧切削刃之间的夹角等于牙型角。为了保证两侧切削刃切削顺利，都磨有较大前角 ($\gamma_o = 10° \sim 20°$) 的卷屑槽。但在使用时必须注意，车刀前端切削刃不能参加切削。

(2) 车刀的装夹

① 车刀主切削刃必须与工件轴线等高(用弹性刀杆应高于轴线约 0.2 mm)，同时应和工件轴线平行。

② 刀头的角平分线要垂直于工件的轴线。用样板找正装夹，以免产生螺纹半角误差。如图 4-7 所示。

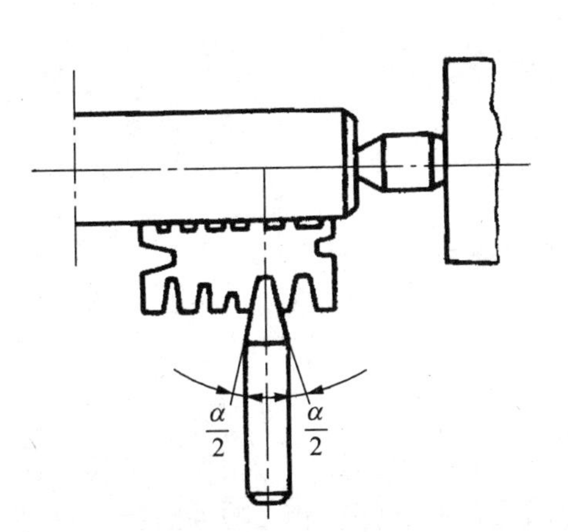

图 4-7　车刀用样板找正装夹

**4. 工件的装夹**

一般采用两顶尖或一夹一顶装夹。粗车较大螺距时，可采用四爪卡盘一夹一顶，以保证装夹牢固，同时使工件的一个台阶靠住卡盘平面，固定工件的轴向位置，以防止因切削力过大，使工件移位而车坏螺纹。

**5. 车床的选择和调整**

(1) 挑选精度较高，磨损较少的机床。

(2) 正确调整机床各处间隙，对床鞍、中小滑板的配合部分进行检查和调整、注意控制机床主轴的轴向窜动、径向圆跳动以及丝杠轴向窜动。

(3) 选用磨损较少的交换齿轮。

**6. 梯形螺纹的车削方法及步骤**

螺距小于 4 mm 和精度要求不高的工件，可用一把梯形螺纹车刀，并用少量的左右进给车削。螺距大于 4 mm 和精度要求较高的梯形螺纹，一般采用分刀车削的方法。

(1) 粗车、半精车梯形螺纹大径，留 0.3 mm 左右余量且倒角成 15°。

(2) 选用刀头宽度稍小于槽低宽度的车槽刀，粗车螺纹(每边留 0.25～0.35 mm 左右的余量)。

(3) 用梯形螺纹车刀采用左右车削法车削梯形螺纹两侧面，每边留 0.1～0.2 mm 的精车余量，并车准螺纹小径尺寸，见图 4-8(a)、(b)。

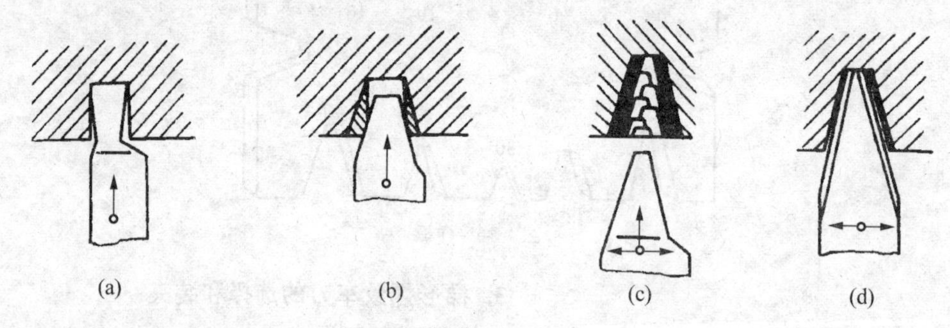


图 4-8　梯形螺纹的车削方法

(4) 精车大径至图样要求(一般小于螺纹基本尺寸)。

(5) 选用精车梯形螺纹车刀，采用左右切削法完成螺纹加工，见图 4-8(c)、(d)。

**7. 梯形螺纹的测量方法**

梯形螺纹的测量方法有综合测量法、三针测量法、单针测量法。

(1) 综合测量法

用标准螺纹环规综合测量。

(2) 三针测量法

这种方法是测量外螺纹中径的一种比较精密的方法。适用于测量一些精度要求较高、螺纹升角小于 4°的螺纹工件。测量时把三根直径相等的量针放在螺纹相对应的螺旋槽中，用千分尺量出两边量针顶点之间的距离 $M$，如图 4-9 所示。

量针的最佳直径：　　$d_D = P/[2\cos(\alpha/2)] = 0.518P$。

两边量针顶点之间的距离 $M$：$M = d_2 + 4.864d_D - 1.866P$。

例：车 Tr32×6－7e 梯形螺纹，用三针测量螺纹中径，求量针直径和千分尺读数值 $M$。

解：量针的最佳直径　　$d_D = 0.518P = 0.518 \times 6 = 3.1(\text{mm})$。

千分尺读数值　　$M = d_2 + 4.864d_D - 1.866P = 29 + 4.864 \times 3.1 - 1.866 \times 6 = 32.88(\text{mm})$。

测量时应考虑公差，该题中 $M = \phi 32.886^{-0.118}_{-0.453}$ mm 为合格。

三针测量法采用的量针一般是专门制造的。

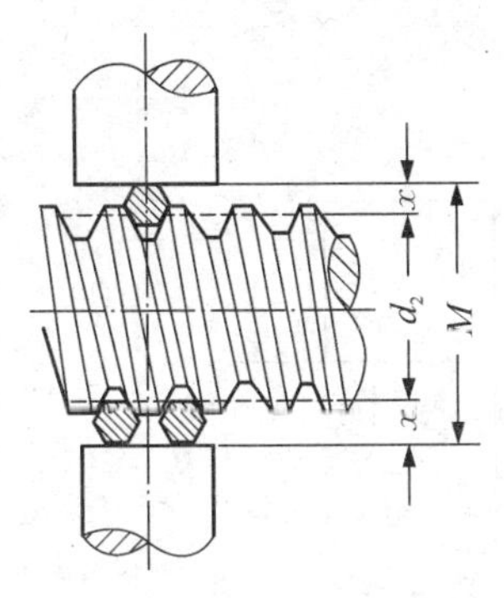


图 4－9　三针测量螺纹中径

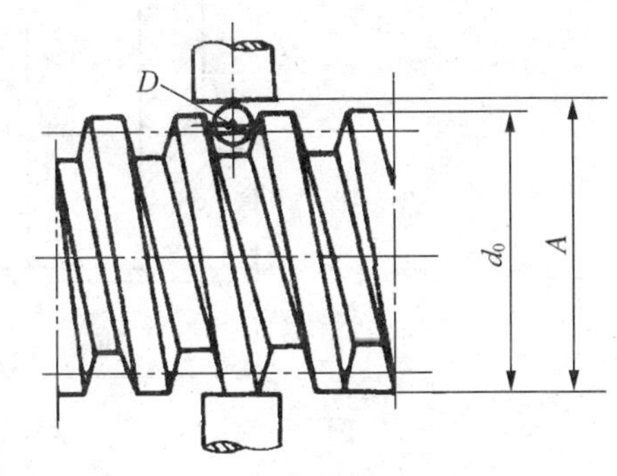


图 4－10　单针测量法

(3) 单针测量法

这种方法的特点是只需用一根量针，放置在螺旋槽中，用千分尺量出螺纹大径与量针顶点之间的距离 $A$，如图 4－10 所示。

# 任务 2　加工底座

## 一、工作任务

车削如图 4－11 所示底座工件。

## 二、任务分析

图 4－11 所示底座主要由外圆柱面、内孔、内梯形螺纹等几何要素组成。任务重点和难点为内梯形螺纹车削加工。通过编制该零件加工工艺和完成零件加工任务，帮助学生学习掌握内梯形螺纹车削加工与测量方法，巩固车端面、内孔镗削等操作技能。

## 三、技能辅导

### 1. 内螺纹车刀

内螺纹车刀比外螺纹车刀刚性差，所以刀柄的截面尽量大些。刀柄的截面尺寸与长度应根据工件的孔径与孔深来选取。

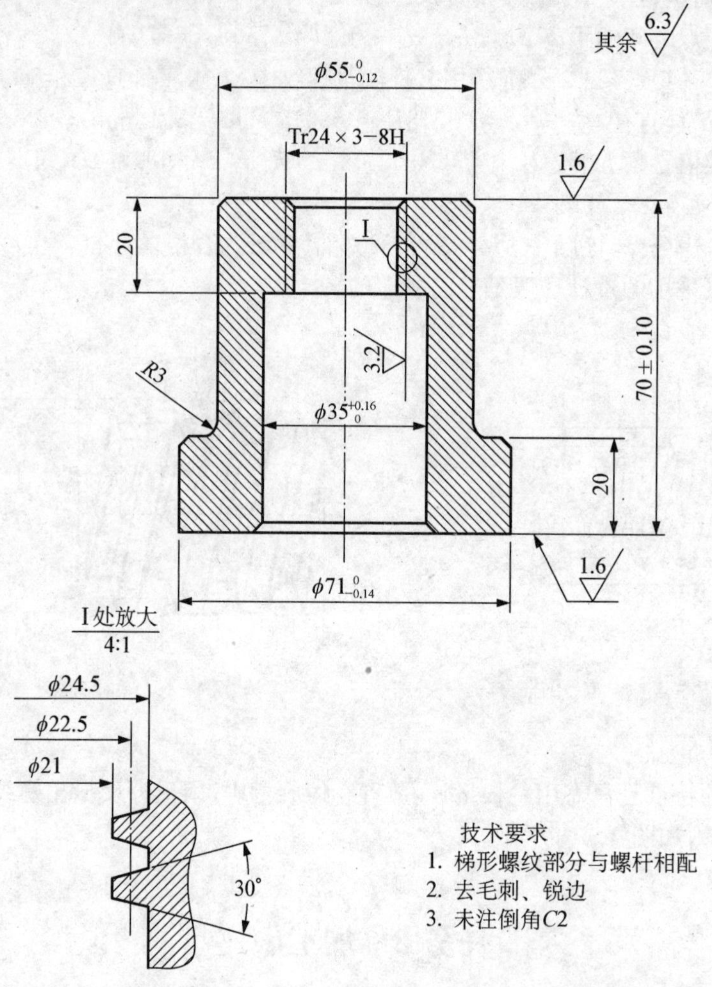


图 4-11　底座

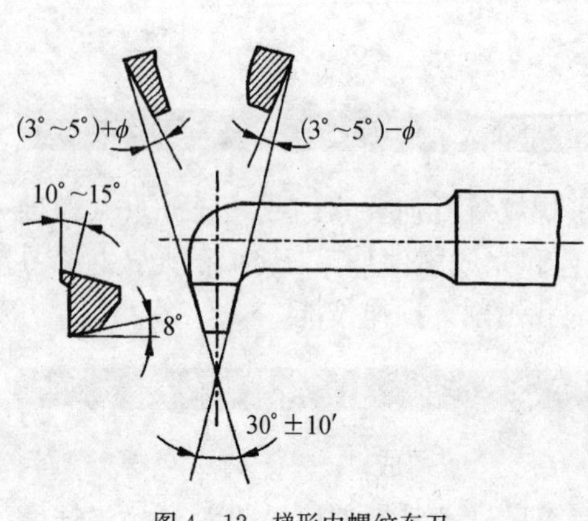


图 4-12　梯形内螺纹车刀

梯形内螺纹车刀如图 4-12 所示。它和三角形内螺纹车刀基本相同，只是刀尖角为 30°。

**2. 梯形内螺纹的车削步骤**

梯形内螺纹的车削方法与三角形内螺纹的车削方法基本相同。

(1) 首先加工内螺纹底孔 $D_1$，$D_1 = d - P$。

(2) 在端面上车一个轴向深度为 1～2 mm，孔径等于螺纹基本尺寸的内台阶孔，作为车内螺纹时的对刀基准。

(3) 粗车内螺纹，采用斜进法(向背进刀方向赶刀，有利于粗车切削的顺利进行)。车刀刀尖与对刀基准间应保证有 0.10～0.15 mm 的间隙。

(4) 精车内螺纹，采用左右切削法精车牙型两侧面。车刀刀尖与对刀基准相接触。

车削与梯形外螺纹(螺杆)配对的梯形螺母时，为保证车出的梯形螺母与螺杆的牙型角一致，常用梯形螺纹专用样板对刀。使用专用样板时应将样板的基准面靠紧工件外圆表面来找正螺纹车刀的正确位置。

**3. 梯形螺纹车削注意事项**

(1) 在车削梯形螺纹过程中，不允许用棉纱揩擦工件，以防发生安全事故。

(2) 车螺纹时，为防止因溜板箱手轮转动时的不平衡而使床鞍发生窜动，可在手轮上安装平衡块，最好采用手轮脱离装置。

(3) 梯形螺纹精车刀两侧刃应刃磨平直，刀刃应保持锋利。

(4) 精车前，最好重新修正中心孔，以保证螺纹的同轴精度。

(5) 车螺纹时思想集中，严防中滑板手柄多进一圈而撞坏螺纹车刀或使工件因碰撞而报废。

(6) 粗车螺纹时，应将小滑板调紧一些，以防车刀发生移位而产生乱牙。

(7) 车螺纹时，选择较小的切削用量，减少工件的变形，同时应充分加注切削液。

# 任务 3　加工锁紧螺母

## 一、工作任务

车削如图 4 - 13 所示锁紧螺母工件。

## 二、任务分析

图 4 - 13 所示锁紧螺母主要由外圆柱面、滚花、内梯形螺纹等几何要素构成。本任务的难点主要是内梯形螺纹的车削加工，通过编制该工件的加工工艺与完成该零件的加工任务，帮助学生学习巩固内梯形螺纹车削加工、滚花加工等操作技能。

# 任务 4　加工挡板

## 一、工作任务

车削如图 4 - 14 所示挡板工件。

## 二、任务分析

图 4 - 14 所示挡板零件主要由外圆柱面、锥孔等几何要素构成，本任务的难点是控制锥孔深度尺寸。通过编制该零件加工工艺和完成零件加工任务，帮助学生学习掌握锪锥孔方法，巩固车圆柱面、钻孔等操作技能。

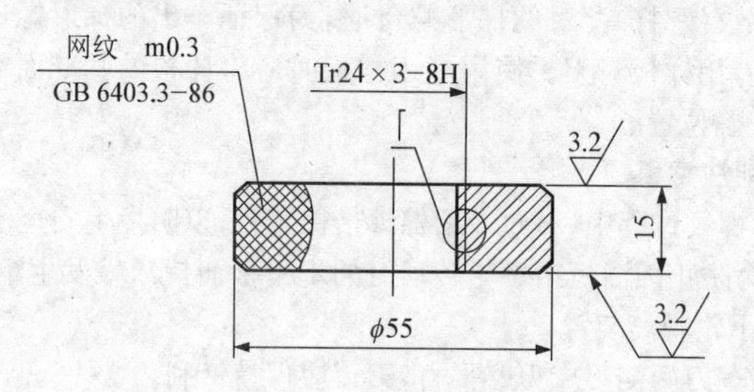


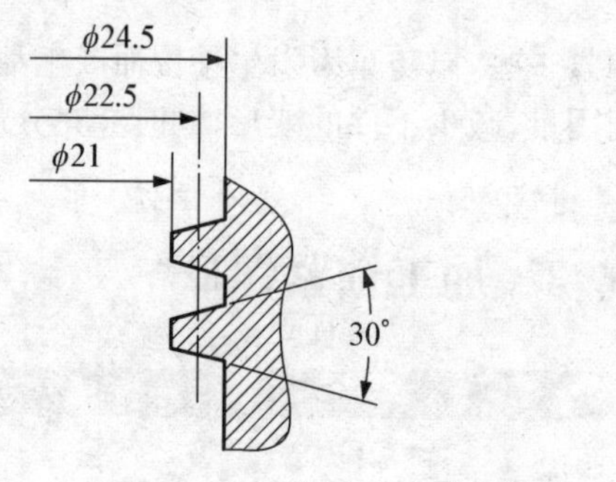


图 4-13 锁紧螺母

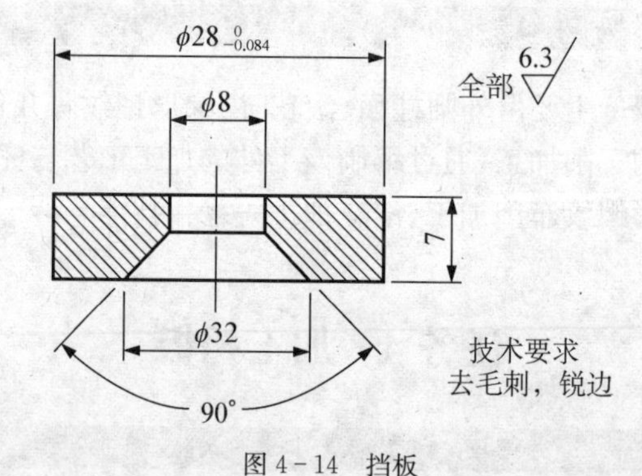


图 4-14 挡板

## 三、技能辅导

锪孔是用锪钻(或改制的钻头)进行孔口形面的加工操作。锪孔的目的是为了保证孔口与孔中心线的垂直度,使与孔连接的零件连接位置正确可靠。

在工件的连接孔端锪出柱形或锥形埋头孔,用埋头螺钉埋入孔内把有关零件连接起来,使外观整齐,装配位置紧凑。将孔口端面锪平,并与孔中心线垂直,能使连接螺栓(或螺母)

的端面与连接件保持良好接触。

**1. 锪钻的种类**

锪钻分柱形锪钻、锥形锪钻、端面锪钻三种，如图 4－15 所示。

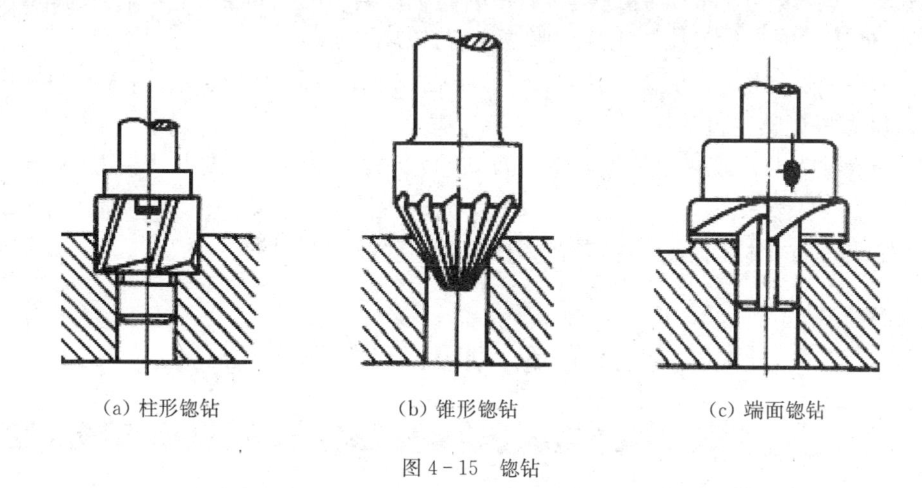

(a) 柱形锪钻　　(b) 锥形锪钻　　(c) 端面锪钻

图 4－15　锪钻

(1) 柱形锪钻用于锪圆柱形埋头孔。柱形锪钻起主要切削作用的是端面刀刃，螺旋槽的斜角就是它的前角。锪钻前端有导柱，导柱直径与工件已有孔为紧密的间隙配合，以保证良好的定心和导向。这种导柱是可拆的，也可以把导柱和锪钻做成一体。

(2) 锥形锪钻用于锪锥形孔。锥形锪钻的锥角按工件锥形埋头孔的要求不同，有 60°、75°、90°、120°四种。其中 90°的用得最多。

(3) 端面锪钻专门用来锪平孔口端面。端面锪钻可以保证孔的端面与孔中心线的垂直度。当已加工的孔径较小时，为了使刀杆保持一定强度，可将刀杆头部的一段直径与已加工孔为间隙配合，以保证良好的导向作用。

锪钻是标准工具，由专业厂生产，可根据锪孔的种类选用，也可以用麻花钻改磨成锪钻。

**2. 锪孔时的注意事项**

锪孔方法和钻孔方法基本相同。锪孔时存在的主要问题是由于刀具振动而使所锪孔口的端面或锥面产生振痕，使用麻花钻改制锪钻，振痕尤为严重。为了避免这种现象，在锪孔时应注意以下几点。

(1) 锪孔时的切削速度应比钻孔低，一般为钻孔切削速度的 1/2～1/3。同时，由于锪孔时的轴向抗力较小，所以手进给压力不宜过大，并要均匀。精锪时，往往采用钻床停车后主轴惯性来锪孔，以减少振动而获得光滑表面。

(2) 锪孔时，由于锪孔的切削面积小，标准锪钻的切削刃数目多，切削较平稳，所以进给量为钻孔的 2～3 倍。

(3) 尽量选用较短的钻头来改磨锪钻，并注意修磨前刀面，减小前角，以防止扎刀和振动。用麻花钻改磨锪钻，刃磨时，要保证两切削刃高低一致、角度对称，保持切削平稳。后角和外缘处前角要适当减小，选用较小后角，防止多角形，以减少振动，防止扎刀。同时，在砂轮上修磨后再用油石修光，使切削均匀平稳，减少加工时的振动。

(4) 锪钻的刀杆和刀片，配合要合适，装夹要牢固，导向要可靠，工件要压紧，锪孔时不应发生振动。

(5) 要先调整好工件的螺栓通孔与锪钻的同轴度，再做工件的夹紧。调整时，可旋转主轴做试钻，使工件能自然定位。工件夹紧要稳固，以减少振动。

(6) 为控制锪孔深度，在锪孔前可对机床主轴(锪钻)的进给深度，用钻床上的深度标尺和定位螺母做好调整定位工作。

(7) 当锪孔表面出现多角形振纹等情况，应立即停止加工，并找出钻头刃磨等问题，及时修正。

(8) 锪钢件时，因切削热量大，要在导柱和切削表面加润滑油。

# 任务 5　加工支撑垫

## 一、工作任务

加工如图 4-16 所示支撑垫工件。

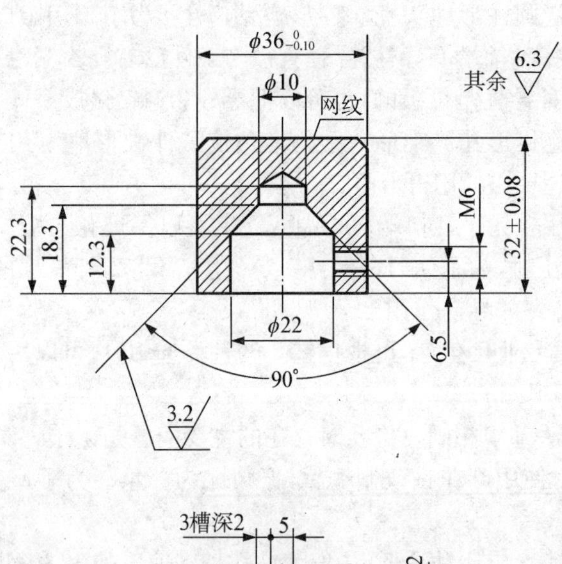


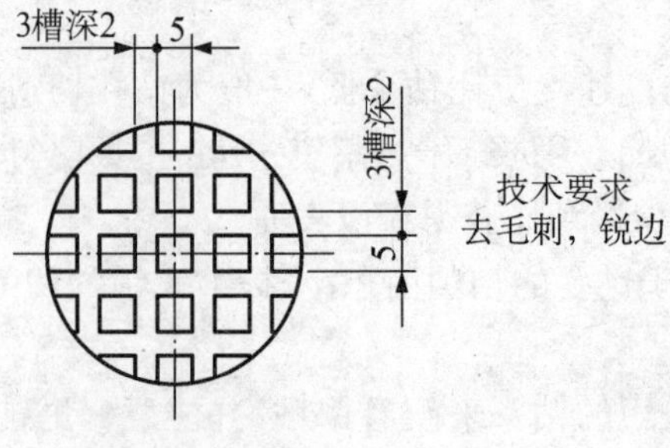


图 4-16　支撑垫

## 二、任务分析

图 4－16 所示支撑垫主要由外圆柱面、内孔、网纹、M6 螺纹孔等几何要素构成，本任务的难点主要是用锯条锯削网纹。通过编制该零件加工工艺和完成零件加工任务，帮助学生学习掌握网纹加工方法，巩固钻孔、锪沉孔、钻螺纹孔等操作技能。

# 任务 6　加工手柄

## 一、工作任务

车削如图 4－17 所示手柄工件。

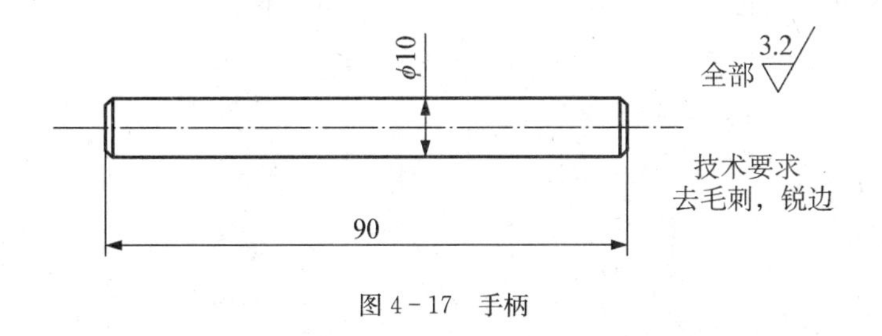


图 4－17　手柄

## 二、任务分析

图 4－17 所示手柄零件主要由外圆柱面要素构成，本任务的难点主要是解决工件因细长受力易弯曲变形的问题。通过编制该零件加工工艺和完成零件加工任务，帮助学生学习掌握减少工件弯曲变形的工艺方法，巩固 90°外圆车刀刃磨、外圆车削等操作技能。

## 三、技能辅导

**1. 一夹一顶装夹工件**

采用一端夹住(用三爪自定心卡盘)，另一端用后顶尖顶住的装夹方法。为了防止工件由于切削力的作用而产生轴向位移，必须在卡盘内装一限位支承，或利用工件的台阶做限位(图 4－18)。这种装夹方法比较安全，能承受较大的进给力，因此应用很广泛。

**2. 用一夹一顶装夹工件的注意事项**

顶尖与中心孔的配合必须松紧适当。如果顶得过紧，细长工件会弯曲变形。如果顶得过松，工件不能准确地定中心，车削时工件易振动，甚至飞出。所以必须随时注意顶尖与中心孔的接触情况，及时调整顶尖的松紧。

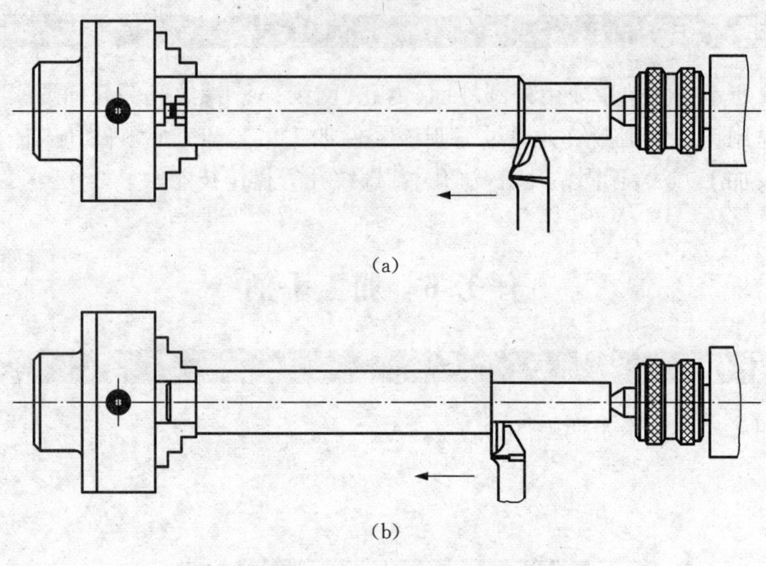

(a)

(b)

图 4-18　一夹一顶装夹工件

(a) 用限位支承　(b) 用工件台阶限位

# 机械加工技能实训

## 工作任务书

### 模块四　制作千斤顶

单　　位：________________________________

部　　门：________________________________

班　　级：________________________________

姓　　名：________________________________

学号(工号)：________________________________

起讫日期：________________________________

指导教师：________________________________

## 任务1　加工螺杆

### 一、回答导向问题

1. 低速车梯形螺纹有哪几种方法?

2. 车外圆锥一般有哪几种方法?

3. 如何确定普通螺纹攻螺纹前的孔径?

4. 车螺纹时产生扎刀是什么原因?怎样预防?

5. 试计算 Tr24×3－8e 三针测量值 $M$。

6. 钻 $\phi$10 的孔时应注意什么?

### 二、制订工作计划

运用所学的知识与技能,完成螺杆加工工作计划,并填入表 4－1－1 中。

**表 4－1－1　螺杆加工工作计划表**

| 序号 | 加工内容 | 工艺装备 | | | 切削用量 | | |
|---|---|---|---|---|---|---|---|
| | | 机床 | 工具 | 量具 | 切削速度 | 进给量 | 背吃刀量 |
| | | | | | | | |
| | | | | | | | |
| | | | | | | | |
| | | | | | | | |
| | | | | | | | |

续 表

| 序号 | 加工内容 | 工艺装备 | | | 切削用量 | | |
|---|---|---|---|---|---|---|---|
| | | 机床 | 工具 | 量具 | 切削速度 | 进给量 | 背吃刀量 |
| | | | | | | | |
| | | | | | | | |
| | | | | | | | |
| | | | | | | | |
| | | | | | | | |
| | | | | | | | |

## 三、小组决策

由组长组织小组成员讨论，综合小组成员制订的螺杆加工工作计划，确定本小组螺杆加工工作计划，并填入表 4-1-2 中。

表 4-1-2　小组螺杆加工工作计划表

| 小组成员 | | | | | 组长 | | |
|---|---|---|---|---|---|---|---|
| 序号 | 加工内容 | 工艺装备 | | | 切削用量 | | |
| | | 机床 | 刀具 | 量具 | $v_c$ | $f$ | $a_p$ |
| | | | | | | | |
| | | | | | | | |
| | | | | | | | |
| | | | | | | | |
| | | | | | | | |
| | | | | | | | |
| | | | | | | | |
| | | | | | | | |
| | | | | | | | |
| | | | | | | | |
| 指导教师审核签名 | | | 日期 | | | | |

## 四、严格遵守机床操作规定，独立完成螺杆加工

### 1. 工量具准备

写出完成螺杆加工所需的工量具，填入表 4-1-3 中。

表 4-1-3 工量具清单

| 序号 | 名称 | 规格 | 数量(/人、/组) |
| --- | --- | --- | --- |
| 1 | | | |
| 2 | | | |
| 3 | | | |
| … | | | |

**2. 加工螺杆**

按小组制订的螺杆加工工作计划表，完成螺杆的加工，并填写生产过程记录表(表 4-1-4)和工作日志(表 4-1-5)。

表 4-1-4 生产过程记录表

| 序号 | 项目 | 完成情况 | | |
| --- | --- | --- | --- | --- |
| | | 自检记录 | 组内评价 | 指导教师评价 |
| 1 | 车床基本操作 | | | |
| 2 | 工件装夹 | | | |
| 3 | 车削端面 | | | |
| 4 | 车削外圆 | | | |
| 5 | 车槽 | | | |
| 6 | 车梯形螺纹 | | | |
| 7 | 钻孔、攻丝 | | | |
| 8 | 车圆锥 | | | |
| 9 | 检测 | | | |
| 10 | 安全文明生产 | | | |

表 4－1－5　工作日志

| 日期 | 工作任务/工作阶段 | 遇到的问题和困难 | 问题的解决 |
| --- | --- | --- | --- |
| | | | |
| | | | |
| | | | |
| | | | |
| | | | |
| 备注： | | | |

**3. 安全文明生产**

遵守劳动纪律，进行安全文明生产，在实习生产过程中若有违反安全文明生产的情况，记录在表 4－1－6 中。

表 4－1－6　安全文明生产记录表

| 违反安全文明生产情况记录 | 本人签名 | 组长签名 | 指导教师签名 |
| --- | --- | --- | --- |
| | | | |

## 五、检查与评价

**1. 自我评价与小组评价**

对加工完成的螺杆零件按项目进行检测，对自己及组内成员完成的工作任务进行客观评价，并填写表 4－1－7。

表 4－1－7　自我评价与小组评价表

| 序号 | 项目与技术要求 | 配分 | 自检结果 | 组内互评结果 |
| --- | --- | --- | --- | --- |
| 1 | 直径 $\phi28_{-0.084}^{0}$ | 10 | | |
| 2 | 直径 $\phi20_{-0.084}^{0}$ | 10 | | |

续　表

| 序号 | 项目与技术要求 | 配分 | 自检结果 | 组内互评结果 |
|---|---|---|---|---|
| 3 | 直径 $\phi20$，$\phi16$，$\phi14$ | 15 | | |
| 4 | Tr24×3－8e | 15 | | |
| 5 | 圆锥 90° | 16 | | |
| 6 | 长度 130，71，10，20，5，7 | 10 | | |
| 7 | 螺纹 M6 | 5 | | |
| 8 | 十字孔 2－$\phi10$ | 5 | | |
| 9 | 表面粗糙度 $Ra$ 1.6、$Ra$ 6.3 | 10 | | |
| 10 | 倒角 C1 两处 | 4 | | |
| 11 | 安全文明生产 | 违者酌情扣分 | | |
| 总计 | | 100 | | |
| 本人签名 | | 组长签名 | | |

## 2. 教师评价

结合学生加工完成的螺杆零件及安全文明生产，完成本次任务评价，并填入表 4－1－8 中。

**表 4－1－8　螺杆加工质量检测表**

| 序号 | 检验项目 | 技术要求 | 测量工具 | 测量结果 | 得分 |
|---|---|---|---|---|---|
| 1 | 直径 | $\phi28_{-0.084}^{0}$ | 25～50 mm 千分尺 | | |
| 2 | 直径 | $\phi20_{-0.084}^{0}$ | 0～25 mm 千分尺 | | |
| 3 | 直径 | $\phi20$、$\phi16$、$\phi14$ | 0～150 mm 游标卡尺 | | |
| 4 | 圆锥 | 90° | 游标万能角度尺 | | |
| 5 | 梯形螺纹 | Tr24×3－8e | 螺纹量规 | | |
| 6 | 长度 | 130、71、10、20、5、7 | 0～150 mm 游标卡尺 | | |
| 7 | 螺纹 | M6 | 螺纹量规 | | |
| 8 | 十字孔 | 2－$\phi10$ | 0～150 游标卡尺 | | |
| 9 | 表面粗糙度 | $Ra$ 1.6、$Ra$ 6.3 | 粗糙度样板 | | |
| 10 | 倒角 | C1 两处 | 目测 | | |
| 11 | 安全文明生产 | | | | |
| 总计得分 | | | | | |
| 检验结果 | 合格□　不合格□ | | 指导教师 | | |

**3. 成绩汇总**

综合自我评价及组内互评、教师评价确定组内成员本次工作任务的综合成绩，并填入表4－1－9中。

表4－1－9　综合成绩统计表

| 个人评价 30% | 组内互评 40% | 教师评价 30% | 综合成绩 |
| --- | --- | --- | --- |
| | | | |

## 六、反思与提高

从制订工作计划、零件加工制作及检查评价结果三个方面对存在的问题进行反思，寻求解决方法，持续改进，完成表4－1－10。

表4－1－10　问题分析表

| 存在问题 | 产生原因 | 解决方法 |
| --- | --- | --- |
| | | |
| | | |
| | | |

# 任务2　加工底座

## 一、回答导向问题

1. 怎样提高车孔刀的刚性?

2. 车孔的关键技术问题是什么？

3. 车削外圆时，表面粗糙度达不到要求是什么原因？

4. $R3$ 圆弧怎样加工？

## 二、制订工作计划

运用所学的知识与技能，完成底座车削工作计划，并填入表 4-2-1 中。

表 4-2-1　底座车削工作计划表

| 序号 | 加工内容 | 工艺装备 | | | 切削用量 | | |
|---|---|---|---|---|---|---|---|
| | | 机床 | 工具 | 量具 | 切削速度 | 进给量 | 背吃刀量 |
| | | | | | | | |
| | | | | | | | |
| | | | | | | | |
| | | | | | | | |
| | | | | | | | |
| | | | | | | | |
| | | | | | | | |
| | | | | | | | |
| | | | | | | | |
| | | | | | | | |
| | | | | | | | |

## 三、小组决策

由组长组织小组成员讨论，综合小组成员制订的底座车削工作计划，确定本小组底座车削工作计划，并填入表 4-2-2 中。

表 4-2-2　小组底座车削工作计划表

| 小组成员 | | | | | 组长 | | |
|---|---|---|---|---|---|---|---|
| 序号 | 加工内容 | 工艺装备 | | | 切削用量 | | |
| | | 机床 | 刀具 | 量具 | $v_c$ | $f$ | $a_p$ |
| | | | | | | | |
| | | | | | | | |
| | | | | | | | |
| | | | | | | | |
| | | | | | | | |
| | | | | | | | |
| | | | | | | | |
| | | | | | | | |
| | | | | | | | |
| | | | | | | | |
| 指导教师审核签名 | | | 日期 | | | | |

## 四、严格遵守机床操作规定，独立完成底座车削

### 1. 工量具准备

写出完成底座车削所需的工量具，填入表 4-2-3 中。

表 4-2-3　工量具清单

| 序号 | 名称 | 规格 | 数量(/人、/组) |
|---|---|---|---|
| 1 | | | |
| 2 | | | |
| 3 | | | |
| … | | | |

### 2. 车削底座

按小组制订的底座车削工作计划表，完成底座的车削，填写生产过程记录表(表 4-2-4)和工作日志(表 4-2-5)。

表 4-2-4　生产过程记录表

| 序号 | 项目 | 完成情况 | | |
|---|---|---|---|---|
| | | 自检记录 | 组内评价 | 指导教师评价 |
| 1 | 车床基本操作 | | | |
| 2 | 工件装夹 | | | |
| 3 | 车削端面 | | | |
| 4 | 车削外圆 | | | |
| 5 | 钻孔 | | | |
| 6 | 车内孔 | | | |
| 7 | 车内梯形螺纹 | | | |
| 8 | 检测 | | | |
| 9 | 安全文明生产 | | | |

表 4-2-5　工作日志

| 日期 | 工作任务/工作阶段 | 遇到的问题和困难 | 问题的解决 |
|---|---|---|---|
| | | | |
| | | | |
| | | | |

续　表

| 日期 | 工作任务/工作阶段 | 遇到的问题和困难 | 问题的解决 |
| --- | --- | --- | --- |
| | | | |
| | | | |
| 备注： | | | |

**3. 安全文明生产**

遵守劳动纪律，进行安全文明生产，在实习生产过程中若有违反安全文明生产的情况，记录在表4-2-6中。

**表4-2-6　安全文明生产记录表**

| 违反安全文明生产情况记录 | 本人签名 | 组长签名 | 指导教师签名 |
| --- | --- | --- | --- |
| | | | |

## 五、检查与评价

**1. 自我评价与小组评价**

对车削完成的底座零件按项目进行检测，对自己及组内成员完成的工作任务进行客观评价，并填写表4-2-7。

**表4-2-7　自我评价与小组评价表**

| 序号 | 项目与技术要求 | 配分 | 自检结果 | 组内互评结果 |
| --- | --- | --- | --- | --- |
| 1 | 直径 $\phi71_{-0.14}^{0}$ | 15 | | |
| 2 | 直径 $\phi55_{-0.12}^{0}$ | 15 | | |
| 3 | 内梯形螺纹 Tr24×3－8H | 25 | | |
| 4 | 内孔 $\phi35_{0}^{+0.16}$ | 15 | | |
| 5 | 长度 70±0.1 | 5 | | |
| 6 | 长度20两处 | 10 | | |
| 7 | 表面粗糙度 *Ra* 6.3、*Ra* 3.2、*Ra* 1.6 | 10 | | |

续 表

| 序号 | 项目与技术要求 | 配分 | 自检结果 | 组内互评结果 |
|---|---|---|---|---|
| 8 | 倒角 $C2$ 四处 | 5 | | |
| 9 | 安全文明生产 | 违者酌情扣分 | | |
| 总计 | | 100 | | |
| 本人签名 | | | 组长签名 | |

**2. 教师评价**

结合学生加工完成的底座零件及安全文明生产，完成本次任务评价，并填入表 4-2-8 中。

表 4-2-8 底座车削质量检测表

| 序号 | 检验项目 | 技术要求 | 测量工具 | 测量结果 | 得分 |
|---|---|---|---|---|---|
| 1 | 直径 | $\phi71_{-0.14}^{0}$ | 50～75 mm 千分尺 | | |
| 2 | 直径 | $\phi55_{-0.12}^{0}$ | 50～75 mm 千分尺 | | |
| 3 | 内孔 | $\phi35_{0}^{+0.16}$ | 25～50 mm 千分尺 | | |
| 4 | 内梯形螺纹 | Tr24×3－8H | 螺纹量规 | | |
| 5 | 长度 | 70±0.1 | 0～150 mm 游标卡尺 | | |
| 6 | 长度 | 20 两处 | 0～150 mm 游标卡尺 | | |
| 7 | 表面粗糙度 | $Ra$ 6.3、$Ra$ 3.2、$Ra$ 1.6 | 粗糙度样板 | | |
| 8 | 倒角 | $C2$ 四处 | 目测 | | |
| 9 | 安全文明生产 | | | | |
| 总计得分 | | | | | |
| 检验结果 | | 合格□　不合格□ | 指导教师 | | |

**3. 成绩汇总**

综合自我评价及组内互评、教师评价确定组内成员本次工作任务的综合成绩，并填入表 4-2-9中。

表 4-2-9 综合成绩统计表

| 个人评价 30% | 组内互评 40% | 教师评价 30% | 综合成绩 |
|---|---|---|---|
| | | | |

## 六、反思与提高

从制订工作计划、零件加工制作及检查评价结果三个方面对存在的问题进行反思，寻求解决方法，持续改进，完成表 4-2-10。

表 4-2-10　问题分析表

| 存在问题 | 产生原因 | 解决方法 |
| --- | --- | --- |
| | | |
| | | |
| | | |

# 任务 3　加工锁紧螺母

## 一、回答导向问题

1. 滚花时产生乱纹是什么原因？怎样预防？

2. 低速精车梯形螺纹，应采用何种车刀？

## 二、制订工作计划

运用所学的知识与技能，完成锁紧螺母加工工作计划，并填入表 4－3－1 中。

表 4－3－1　锁紧螺母加工工作计划表

| 序号 | 加工内容 | 工艺装备 | | | 切削用量 | | |
|---|---|---|---|---|---|---|---|
| | | 机床 | 工具 | 量具 | 切削速度 | 进给量 | 背吃刀量 |
| | | | | | | | |
| | | | | | | | |
| | | | | | | | |
| | | | | | | | |
| | | | | | | | |
| | | | | | | | |
| | | | | | | | |
| | | | | | | | |
| | | | | | | | |
| | | | | | | | |
| | | | | | | | |

## 三、小组决策

由组长组织小组成员讨论，综合小组成员制订的锁紧螺母加工工作计划，确定本小组锁紧螺母加工工作计划，并填入表 4－3－2 中。

表 4－3－2　小组锁紧螺母加工工作计划表

| 小组成员 | | | | | 组长 | | |
|---|---|---|---|---|---|---|---|
| 序号 | 加工内容 | 工艺装备 | | | 切削用量 | | |
| | | 机床 | 刀具 | 量具 | $v_c$ | $f$ | $a_p$ |
| | | | | | | | |
| | | | | | | | |
| | | | | | | | |
| | | | | | | | |
| | | | | | | | |
| | | | | | | | |

续 表

| 序号 | 加工内容 | 工艺装备 | | | 切削用量 | | |
| --- | --- | --- | --- | --- | --- | --- | --- |
| | | 机床 | 刀具 | 量具 | $v_c$ | $f$ | $a_p$ |
| | | | | | | | |
| | | | | | | | |
| | | | | | | | |
| | | | | | | | |
| 指导教师审核签名 | | | | 日期 | | | |

## 四、严格遵守机床操作规定，独立完成锁紧螺母加工

**1. 工量具准备**

写出完成锁紧螺母加工所需的工量具，填入表 4－3－3 中。

**表 4－3－3　工量具清单**

| 序号 | 名称 | 规格 | 数量(/人、/组) |
| --- | --- | --- | --- |
| 1 | | | |
| 2 | | | |
| 3 | | | |
| … | | | |

**2. 加工锁紧螺母**

按小组制订的锁紧螺母加工工作计划表，完成锁紧螺母的加工，填写生产过程记录表(表4－3－4)和工作日志(表 4－3－5)。

**表 4－3－4　生产过程记录表**

| 序号 | 项目 | 完成情况 | | |
| --- | --- | --- | --- | --- |
| | | 自检记录 | 组内评价 | 指导教师评价 |
| 1 | 车床基本操作 | | | |
| 2 | 工件装夹 | | | |
| 3 | 车削端面 | | | |

续　表

| 序号 | 项目 | 完成情况 | | |
|---|---|---|---|---|
| | | 自检记录 | 组内评价 | 指导教师评价 |
| 4 | 车削外圆 | | | |
| 5 | 钻孔 | | | |
| 6 | 滚花 | | | |
| 7 | 车内梯形螺纹 | | | |
| 8 | 检测 | | | |
| 9 | 安全文明生产 | | | |

表 4-3-5　工作日志

| 日期 | 工作任务/工作阶段 | 遇到的问题和困难 | 问题的解决 |
|---|---|---|---|
| | | | |
| | | | |
| | | | |
| | | | |
| | | | |
| 备注： | | | |

**3. 安全文明生产**

遵守劳动纪律，进行安全文明生产，在实习生产过程中若有违反安全文明生产的情况，记录在表 4-3-6 中。

**表 4-3-6 安全文明生产记录表**

| 违反安全文明生产情况记录 | 本人签名 | 组长签名 | 指导教师签名 |
| --- | --- | --- | --- |
| | | | |

## 五、检查与评价

**1. 自我评价与小组评价**

对加工完成的锁紧螺母零件按项目进行检测，对自己及组内成员完成的工作任务进行客观评价，并填写表 4-3-7。

**表 4-3-7 自我评价与小组评价表**

| 序号 | 项目与技术要求 | 配分 | 自检结果 | 组内互评结果 |
| --- | --- | --- | --- | --- |
| 1 | 直径 $\phi$55 | 15 | | |
| 2 | 内梯形螺纹 Tr24×3－8H | 35 | | |
| 3 | 滚花 m0.3 | 20 | | |
| 4 | 长度 15 | 10 | | |
| 5 | 表面粗糙度 *Ra* 3.2、*Ra* 6.3 | 10 | | |
| 6 | 倒角 *C*2 两处 | 10 | | |
| 7 | 安全文明生产 | 违者酌情扣分 | | |
| 总计 | | 100 | | |
| 本人签名 | | 组长签名 | | |

**2. 教师评价**

结合学生加工完成的锁紧螺母零件及安全文明生产，完成本次任务评价，并填入表 4-3-8 中。

**表 4-3-8 锁紧螺母制作质量检测表**

| 序号 | 检验项目 | 技术要求 | 测量工具 | 测量结果 | 得分 |
| --- | --- | --- | --- | --- | --- |
| 1 | 直径 | $\phi$55±0.3 | 0～150 mm 游标卡尺 | | |
| 2 | 内梯形螺纹 | Tr24×3－8H | 螺纹量规 | | |

续 表

| 序号 | 检验项目 | 技术要求 | 测量工具 | 测量结果 | 得分 |
| --- | --- | --- | --- | --- | --- |
| 3 | 长度 | 15±0.2 | 0～150 mm 游标卡尺 | | |
| 4 | 滚花 | m0.3 | 目测 | | |
| 5 | 表面粗糙度 | *Ra* 3.2、*Ra* 6.3 | 粗糙度样板 | | |
| 6 | 倒角 | *C*2 两处 | 目测 | | |
| 7 | 安全文明生产 | | | | |
| 总计得分 | | | | | |
| 检验结果 | 合格□　不合格□ | 指导教师 | | | |

**3. 成绩汇总**

综合自我评价及组内互评、教师评价确定组内成员本次工作任务的综合成绩，并填入表4-3-9中。

**表 4-3-9　综合成绩统计表**

| 个人评价 30% | 组内互评 40% | 教师评价 30% | 综合成绩 |
| --- | --- | --- | --- |
| | | | |

## 六、反思与提高

从制订工作计划、零件加工制作及检查评价结果三个方面对存在的问题进行反思，寻求解决方法，持续改进，并完成表 4-3-10。

**表 4-3-10　问题分析表**

| 存在问题 | 产生原因 | 解决方法 |
| --- | --- | --- |
| | | |
| | | |
| | | |

# 任务4　加工挡板

## 一、回答导向问题

1. 钻沉孔应注意什么？

2. 钻沉孔的钻头顶角是多少度？

3. 怎样防止切断时振动？

## 二、制订工作计划

运用所学的知识与技能，完成挡板加工工作计划，并填入表4-4-1中。

表4-4-1　挡板加工工作计划表

| 序号 | 加工内容 | 工艺装备 | | | 切削用量 | | |
|---|---|---|---|---|---|---|---|
| | | 机床 | 工具 | 量具 | 切削速度 | 进给量 | 背吃刀量 |
| | | | | | | | |
| | | | | | | | |
| | | | | | | | |
| | | | | | | | |
| | | | | | | | |
| | | | | | | | |
| | | | | | | | |
| | | | | | | | |
| | | | | | | | |
| | | | | | | | |
| | | | | | | | |

## 三、小组决策

由组长组织小组成员讨论，综合小组成员制订的挡板加工工作计划，确定本小组挡板加工工作计划，并填入表 4-4-2 中。

表 4-4-2　小组挡板加工工作计划表

| 小组成员 | | | | | 组长 | | |
|---|---|---|---|---|---|---|---|
| 序号 | 加工内容 | 工艺装备 | | | 切削用量 | | |
| | | 机床 | 刀具 | 量具 | $v_c$ | $f$ | $a_p$ |
| | | | | | | | |
| | | | | | | | |
| | | | | | | | |
| | | | | | | | |
| | | | | | | | |
| | | | | | | | |
| | | | | | | | |
| | | | | | | | |
| | | | | | | | |
| | | | | | | | |
| 指导教师审核签名 | | | 日期 | | | | |

## 四、严格遵守机床操作规定，独立完成挡板加工

### 1. 工量具准备

写出完成挡板加工所需的工量具，填入表 4-4-3 中。

表 4-4-3　工量具清单

| 序号 | 名称 | 规格 | 数量(/人、/组) |
|---|---|---|---|
| 1 | | | |
| 2 | | | |
| 3 | | | |
| … | | | |

### 2. 加工挡板

按小组制订的挡板加工工作计划表，完成挡板的加工，并填写生产过程记录表(表 4-4-4)和工作日志(表 4-4-5)。

表 4－4－4　生产过程记录表

| 序号 | 项目 | 完成情况 | | |
| --- | --- | --- | --- | --- |
| | | 自检记录 | 组内评价 | 指导教师评价 |
| 1 | 车床基本操作 | | | |
| 2 | 工件装夹 | | | |
| 3 | 车削端面 | | | |
| 4 | 车削外圆 | | | |
| 5 | 钻孔 | | | |
| 6 | 钻沉孔 | | | |
| 7 | 检测 | | | |
| 8 | 安全文明生产 | | | |

表 4－4－5　工作日志

| 日期 | 工作任务/工作阶段 | 遇到的问题和困难 | 问题的解决 |
| --- | --- | --- | --- |
| | | | |
| | | | |
| | | | |
| | | | |

续 表

| 日期 | 工作任务/工作阶段 | 遇到的问题和困难 | 问题的解决 |
| --- | --- | --- | --- |
| | | | |
| 备注： | | | |

**3. 安全文明生产**

遵守劳动纪律，进行安全文明生产，在实习生产过程中若有违反安全文明生产的情况，记录在表 4-4-6 中。

**表 4-4-6 安全文明生产记录表**

| 违反安全文明生产情况记录 | 本人签名 | 组长签名 | 指导教师签名 |
| --- | --- | --- | --- |
| | | | |

## 五、检查与评价

**1. 自我评价与小组评价**

对加工完成的挡板零件按项目进行检测，对自己及组内成员完成的工作任务进行客观评价，并填写表 4-4-7。

**表 4-4-7 自我评价与小组评价表**

| 序号 | 项目与技术要求 | 配分 | 自检结果 | 组内互评结果 |
| --- | --- | --- | --- | --- |
| 1 | 直径 $\phi 28_{-0.084}^{0}$ | 30 | | |
| 2 | 内孔 $\phi 8$ | 15 | | |
| 3 | 沉孔 $\phi 32 \times 90^{\circ}$ | 30 | | |
| 4 | 长度 7 | 10 | | |
| 5 | 表面粗糙度 $Ra$ 6.3 | 10 | | |
| 6 | 去毛刺 | 5 | | |
| 7 | 安全文明生产 | 违者酌情扣分 | | |
| 总计 | | 100 | | |
| 本人签名 | | 组长签名 | | |

**2. 教师评价**

结合学生加工完成的挡板零件及安全文明生产,完成本次任务评价,并填入表 4-4-8 中。

**表 4-4-8　挡板加工质量检测表**

| 序号 | 检验项目 | 技术要求 | 测量工具 | 测量结果 | 得分 |
|---|---|---|---|---|---|
| 1 | 直径 | $\phi 28_{-0.084}^{0}$ | 25～50 mm 千分尺 | | |
| 2 | 内孔 | $\phi 8 \pm 0.2$ | 0～150 mm 游标卡尺 | | |
| 3 | 沉孔 | $\phi(32 \pm 0.3) \times 90^\circ$ | 0～150 mm 游标卡尺 | | |
| 4 | 长度 | $7 \pm 0.2$ | 0～150 mm 游标卡尺 | | |
| 5 | 表面粗糙度 | $Ra\ 6.3$ | 粗糙度样板 | | |
| 6 | 去毛刺 | | 目测 | | |
| 7 | 安全文明生产 | | | | |
| 总计得分 | | | | | |
| 检验结果 | | 合格□　不合格□ | 指导教师 | | |

**3. 成绩汇总**

综合自我评价及组内互评、教师评价确定组内成员本次工作任务的综合成绩,并填入表 4-4-9中。

**表 4-4-9　综合成绩统计表**

| 个人评价 30% | 组内互评 40% | 教师评价 30% | 综合成绩 |
|---|---|---|---|
| | | | |

## 六、反思与提高

从制订工作计划、零件加工制作及检查评价结果三个方面对存在的问题进行反思,寻求解决方法,持续改进,完成表 4-4-10。

**表 4-4-10　问题分析表**

| 存在问题 | 产生原因 | 解决方法 |
|---|---|---|
| | | |

续 表

| 存在问题 | 产生原因 | 解决方法 |
| --- | --- | --- |
| | | |
| | | |

## 任务 5　加工支撑垫

### 一、回答导向问题

1. 怎样防止切断刀折断?

2. 车削轴类零件时,应注意哪些安全技术?

3. 网纹怎样加工?

### 二、制订工作计划

运用所学的知识与技能,完成支撑垫加工工作计划,并填入表 4-5-1 中。

表 4-5-1　支撑垫加工工作计划表

| 序号 | 加工内容 | 工艺装备 | | | 切削用量 | | |
| --- | --- | --- | --- | --- | --- | --- | --- |
| | | 机床 | 工具 | 量具 | 切削速度 | 进给量 | 背吃刀量 |
| | | | | | | | |
| | | | | | | | |
| | | | | | | | |

续 表

| 序号 | 加工内容 | 工艺装备 | | | 切削用量 | | |
|---|---|---|---|---|---|---|---|
| | | 机床 | 工具 | 量具 | 切削速度 | 进给量 | 背吃刀量 |
| | | | | | | | |
| | | | | | | | |
| | | | | | | | |
| | | | | | | | |
| | | | | | | | |
| | | | | | | | |
| | | | | | | | |
| | | | | | | | |

## 三、小组决策

由组长组织小组成员讨论，综合小组成员制订的支撑垫加工工作计划，确定本小组支撑垫加工工作计划，并填入表 4-5-2 中。

**表 4-5-2　小组支撑垫加工工作计划表**

| 小组成员 | | | | | 组长 | | |
|---|---|---|---|---|---|---|---|
| 序号 | 加工内容 | 工艺装备 | | | 切削用量 | | |
| | | 机床 | 刀具 | 量具 | $v_c$ | $f$ | $a_p$ |
| | | | | | | | |
| | | | | | | | |
| | | | | | | | |
| | | | | | | | |
| | | | | | | | |
| | | | | | | | |
| | | | | | | | |
| | | | | | | | |
| | | | | | | | |
| | | | | | | | |
| 指导教师审核签名 | | | | 日期 | | | |

## 四、严格遵守机床操作规定，独立完成支撑垫加工

**1. 工量具准备**

写出完成支撑垫加工所需的工量具，填入表 4－5－3 中。

**表 4－5－3　工量具清单**

| 序号 | 名称 | 规格 | 数量(/人、/组) |
| --- | --- | --- | --- |
| 1 | | | |
| 2 | | | |
| 3 | | | |
| … | | | |

**2. 加工支撑垫**

按小组制订的支撑垫加工工作计划表，完成支撑垫的加工，填写生产过程记录表(表 4－5－4)和工作日志(表 4－5－5)。

**表 4－5－4　生产过程记录表**

| 序号 | 项目 | 完成情况 | | |
| --- | --- | --- | --- | --- |
| | | 自检记录 | 组内评价 | 指导教师评价 |
| 1 | 车床基本操作 | | | |
| 2 | 工件装夹 | | | |
| 3 | 车削端面 | | | |
| 4 | 车削外圆 | | | |
| 5 | 钻孔 | | | |
| 6 | 钻沉孔 | | | |
| 7 | 加工网纹 | | | |
| 8 | M6 螺纹 | | | |

续 表

| 序号 | 项目 | 完成情况 | | |
| --- | --- | --- | --- | --- |
| | | 自检记录 | 组内评价 | 指导教师评价 |
| 9 | 检测 | | | |
| 10 | 安全文明生产 | | | |

表 4-5-5 工作日志

| 日期 | 工作任务/工作阶段 | 遇到的问题和困难 | 问题的解决 |
| --- | --- | --- | --- |
| | | | |
| | | | |
| | | | |
| | | | |
| | | | |
| 备注： | | | |

**3. 安全文明生产**

遵守劳动纪律，进行安全文明生产，在实习生产过程中若有违反安全文明生产的情况，记录在表 4-5-6 中。

表 4-5-6 安全文明生产记录表

| 违反安全文明生产情况记录 | 本人签名 | 组长签名 | 指导教师签名 |
| --- | --- | --- | --- |
| | | | |

## 五、检查与评价

### 1. 自我评价与小组评价

对加工完成的支撑垫零件按项目进行检测，对自己及组内成员完成的工作任务进行客观评价，并填写表 4-5-7。

表 4-5-7　自我评价与小组评价表

| 序号 | 项目与技术要求 | 配分 | 自检结果 | 组内互评结果 |
| --- | --- | --- | --- | --- |
| 1 | 直径 $\phi 36_{-0.10}^{0}$ | 20 | | |
| 2 | 内孔 $\phi 10$，$\phi 22$ | 10 | | |
| 3 | 沉孔 $\phi 22 \times 90°$ | 5 | | |
| 4 | 长度 32±0.08 | 10 | | |
| 5 | 长度 12.3，18.3，22.3，6.5，5 | 25 | | |
| 6 | M6 螺纹 | 10 | | |
| 7 | 表面粗糙度 *Ra* 3.2，*Ra* 6.3 | 10 | | |
| 8 | 网纹 3×2 | 10 | | |
| 9 | 安全文明生产 | 违者酌情扣分 | | |
| 总计 | | 100 | | |
| 本人签名 | | | 组长签名 | |

### 2. 教师评价

结合学生加工完成的支撑垫零件及安全文明生产，完成本次任务评价，并填入表 4-5-8 中。

表 4-5-8　支撑垫加工质量检测表

| 序号 | 检验项目 | 技术要求 | 测量工具 | 测量结果 | 得分 |
| --- | --- | --- | --- | --- | --- |
| 1 | 直径 | $\phi 36_{-0.10}^{0}$ | 25～50 mm 千分尺 | | |
| 2 | 内孔 | $\phi 10$，$\phi 22$ | 0～150 mm 游标卡尺 | | |
| 3 | 沉孔 | $\phi 22 \times 90°$ | 0～150 mm 游标卡尺 | | |
| 4 | 长度 | 32±0.08 | 0～150 mm 游标卡尺 | | |
| 5 | 长度 | 12.3，18.3，22.3，6.5，5 | 0～150 mm 游标卡尺 | | |
| 6 | 螺纹 | M6 | 螺杆 | | |
| 7 | 表面粗糙度 | *Ra* 3.2，*Ra* 6.3 | 粗糙度样板 | | |

续　表

| 序号 | 检验项目 | 技术要求 | 测量工具 | 测量结果 | 得分 |
| --- | --- | --- | --- | --- | --- |
| 8 | 网纹 | 3×2 | 目测 | | |
| 9 | 安全文明生产 | | | | |
| 总计得分 | | | | | |
| 检验结果 | | 合格□　不合格□ | 指导教师 | | |

**3. 成绩汇总**

综合自我评价及组内互评、教师评价确定组内成员本次工作任务的综合成绩，并填入表4－5－9中。

**表4－5－9　综合成绩统计表**

| 个人评价30% | 组内互评40% | 教师评价30% | 综合成绩 |
| --- | --- | --- | --- |
| | | | |

## 六、反思与提高

从制订工作计划、零件加工制作及检查评价结果三个方面对存在的问题进行反思，寻求解决方法，持续改进，完成表4－5－10。

**表4－5－10　问题分析表**

| 存在问题 | 产生原因 | 解决方法 |
| --- | --- | --- |
| | | |
| | | |
| | | |

## 任务6　加工手柄

### 一、回答导向问题

1. 中心孔有哪几种类型？如何选用？

2. 车轴类零件时，产生锥度是什么原因？怎样预防？

3. 切削速度应根据什么原则来选择？

4. 怎样才能减小工件表面粗糙度？

### 二、制订工作计划

运用所学的知识与技能，完成手柄加工工作计划，并填入表 4-6-1 中。

**表 4-6-1　手柄加工工作计划表**

| 序号 | 加工内容 | 工艺装备 | | | 切削用量 | | |
|---|---|---|---|---|---|---|---|
| | | 机床 | 工具 | 量具 | 切削速度 | 进给量 | 背吃刀量 |
| | | | | | | | |
| | | | | | | | |
| | | | | | | | |
| | | | | | | | |
| | | | | | | | |
| | | | | | | | |
| | | | | | | | |
| | | | | | | | |
| | | | | | | | |
| | | | | | | | |
| | | | | | | | |
| | | | | | | | |

## 三、小组决策

由组长组织小组成员讨论，综合小组成员制订的手柄加工工作计划，确定本小组手柄加工工作计划，并填入表 4-6-2 中。

表 4-6-2　小组手柄加工工作计划表

<table>
<tr><td colspan="2">小组成员</td><td colspan="3"></td><td>组长</td><td colspan="2"></td></tr>
<tr><td rowspan="2">序号</td><td rowspan="2">加工内容</td><td colspan="3">工艺装备</td><td colspan="3">切削用量</td></tr>
<tr><td>机床</td><td>刀具</td><td>量具</td><td>$v_c$</td><td>$f$</td><td>$a_p$</td></tr>
<tr><td></td><td></td><td></td><td></td><td></td><td></td><td></td><td></td></tr>
<tr><td></td><td></td><td></td><td></td><td></td><td></td><td></td><td></td></tr>
<tr><td></td><td></td><td></td><td></td><td></td><td></td><td></td><td></td></tr>
<tr><td></td><td></td><td></td><td></td><td></td><td></td><td></td><td></td></tr>
<tr><td></td><td></td><td></td><td></td><td></td><td></td><td></td><td></td></tr>
<tr><td></td><td></td><td></td><td></td><td></td><td></td><td></td><td></td></tr>
<tr><td></td><td></td><td></td><td></td><td></td><td></td><td></td><td></td></tr>
<tr><td></td><td></td><td></td><td></td><td></td><td></td><td></td><td></td></tr>
<tr><td></td><td></td><td></td><td></td><td></td><td></td><td></td><td></td></tr>
<tr><td></td><td></td><td></td><td></td><td></td><td></td><td></td><td></td></tr>
<tr><td colspan="3">指导教师审核签名</td><td colspan="2"></td><td>日期</td><td colspan="2"></td></tr>
</table>

## 四、严格遵守机床操作规定，独立完成手柄加工

### 1. 工量具准备

写出完成手柄加工所需的工量具，填入表 4-6-3 中。

表 4-6-3　工量具清单

| 序号 | 名称 | 规格 | 数量(/人、/组) |
|---|---|---|---|
| 1 | | | |
| 2 | | | |
| 3 | | | |
| … | | | |

### 2. 加工手柄

按小组制订的手柄加工工作计划表，完成手柄的加工，填写生产过程记录表(表 4-6-4)和工作日志(表 4-6-5)。

表 4-6-4　生产过程记录表

| 序号 | 项目 | 完成情况 | | |
|---|---|---|---|---|
| | | 自检记录 | 组内评价 | 指导教师评价 |
| 1 | 车床基本操作 | | | |
| 2 | 工件装夹 | | | |
| 3 | 车削端面 | | | |
| 4 | 车削外圆 | | | |
| 5 | 检测 | | | |
| 6 | 安全文明生产 | | | |

表 4-6-5　工作日志

| 日期 | 工作任务/工作阶段 | 遇到的问题和困难 | 问题的解决 |
|---|---|---|---|
| | | | |
| | | | |
| | | | |
| | | | |
| | | | |
| 备注： | | | |

### 3. 安全文明生产

遵守劳动纪律，进行安全文明生产，在实习生产过程中若有违反安全文明生产的情况，记录在表 4－6－6 中。

表 4－6－6　安全文明生产记录表

| 违反安全文明生产情况记录 | 本人签名 | 组长签名 | 指导教师签名 |
| --- | --- | --- | --- |
| | | | |

## 五、检查与评价

### 1. 自我评价与小组评价

对加工完成的手柄零件按项目进行检测，对自己及组内成员完成的工作任务进行客观评价，并填写表 4－6－7。

表 4－6－7　自我评价与小组评价表

| 序号 | 项目与技术要求 | 配分 | 自检结果 | 组内互评结果 |
| --- | --- | --- | --- | --- |
| 1 | 直径 $\phi10$ | 40 | | |
| 2 | 长度 90 | 40 | | |
| 3 | 表面粗糙度 $Ra$ 3.2 | 20 | | |
| 4 | 安全文明生产 | 违者酌情扣分 | | |
| 总计 | | 100 | | |
| 本人签名 | | | 组长签名 | |

### 2. 教师评价

结合学生加工完成的手柄零件及安全文明生产，完成本次任务评价，并填入表 4－6－8 中。

表 4－6－8　手柄加工质量检测表

| 序号 | 检验项目 | 技术要求 | 测量工具 | 测量结果 | 得分 |
| --- | --- | --- | --- | --- | --- |
| 1 | 直径 | $\phi10\pm0.2$ | 0～150 mm 游标卡尺 | | |
| 2 | 长度 | $90\pm0.3$ | 0～150 mm 游标卡尺 | | |
| 3 | 表面粗糙度 | $Ra$ 3.2 | 粗糙度样板 | | |
| 4 | 安全文明生产 | | | | |
| 总计得分 | | | | | |
| 检验结果 | 合格□　不合格□ | | 指导教师 | | |

**3. 成绩汇总**

综合自我评价及组内互评、教师评价确定组内成员本次工作任务的综合成绩，并填入表4－6－9中。

表4－6－9　综合成绩统计表

| 个人评价 30% | 组内互评 40% | 教师评价 30% | 综合成绩 |
| --- | --- | --- | --- |
| | | | |

## 六、反思与提高

从制订工作计划、零件加工制作及检查评价结果三个方面对存在的问题进行反思，寻求解决方法，持续改进，完成表4－6－10。

表4－6－10　问题分析表

| 存在问题 | 产生原因 | 解决方法 |
| --- | --- | --- |
| | | |
| | | |
| | | |

# 模块五　制作台虎钳

**知识目标**

1. 熟悉识读零件图与装配图的基础知识；
2. 了解常用铣床的类型与结构；
3. 了解分度头的工作原理，掌握简单分度方法；
3. 了解常用铣刀类型与选用；
4. 熟悉铣削加工特点与工艺范围；
5. 了解现场生产安全操作规程；
6. 查阅资料、标准，选择合理工艺参数。

**技能目标**

1. 能识读零件图与装配图，能根据技术条件制定零件的加工工艺；
2. 能根据加工条件选择合理的铣削刀具，采用正确的铣削用量；
3. 掌握钳工划线、钻孔、攻螺纹等操作技能；
4. 掌握铣削平面、台阶面、斜面操作技能；
5. 掌握铣削封闭槽、圆弧槽操作技能；
6. 掌握铣削燕尾槽导轨副的操作技能并能选用适当方法测量燕尾槽尺寸；
7. 能选用合适的工具加工内外螺纹；
8. 能装配调试台虎钳。

如图 5－1 所示台虎钳主要由块料通过铣削加工得到，台虎钳由底座、锁紧螺杆、活动钳口、钳口垫块、固定钳口、锁紧手柄等零件组成。

## 任务 1　加工钳口组合体

### 一、工作任务

完成钳口组合体零件加工(图 5－2)。

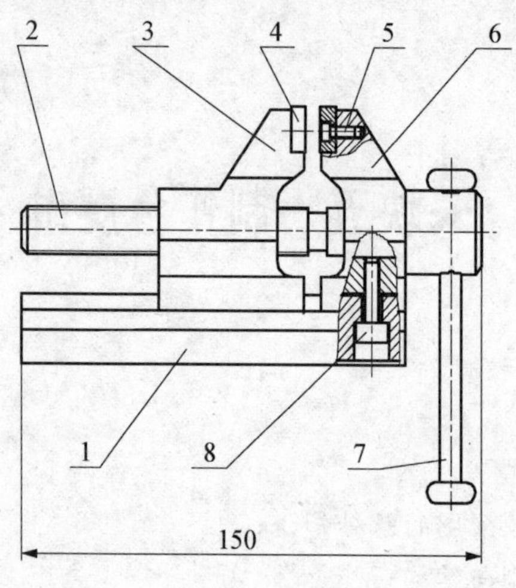


图 5-1　台虎钳

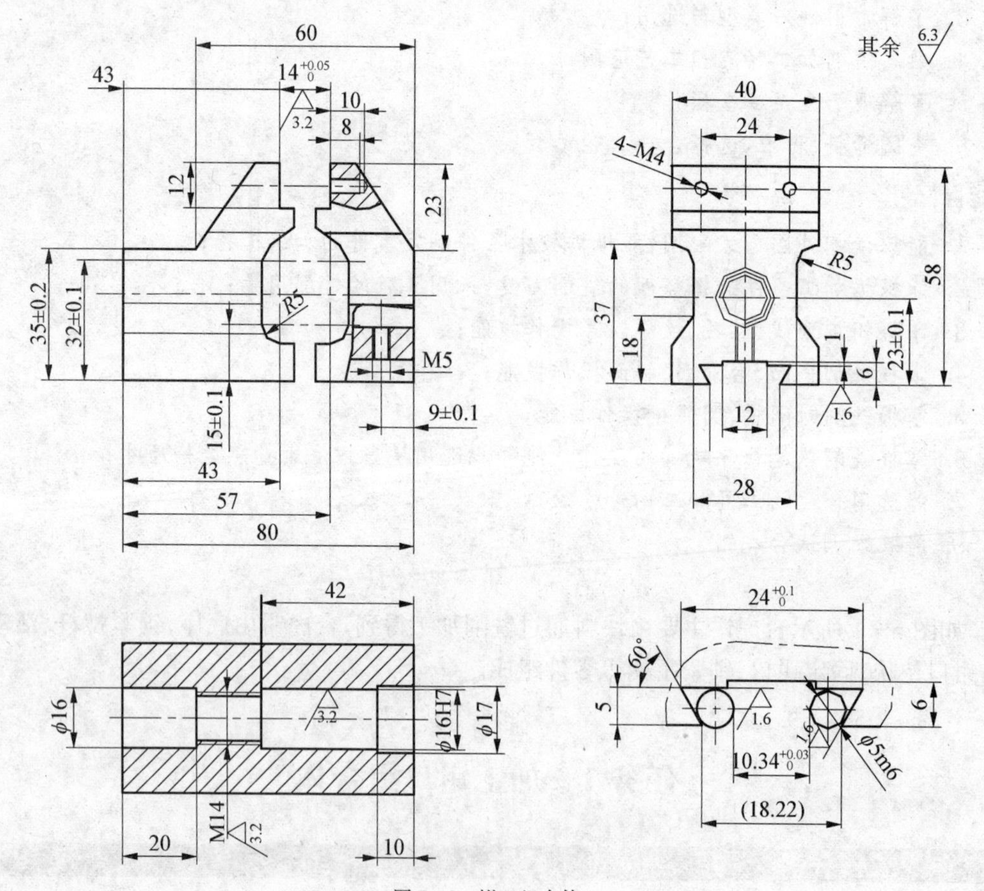


图 5-2　钳口组合体

## 二、任务分析

台虎钳的活动钳口和固定钳口可合在一起加工，最后通过切割完成。活动钳口和固定钳口加工件称钳口组合体。由钳口组合体零件图可知该工件主要由平面、斜面、燕尾槽、腰形槽、直沟槽、圆弧面、螺纹孔等几何要素构成。本任务的难点是平面及各沟槽加工尺寸的控制，通过编制该零件加工工艺及完成该零件的加工任务，帮助学生学习掌握平面铣削加工、沟槽铣削加工、工件切割加工方法及检测，巩固划线、钻孔、攻丝等基本操作技能，训练铣床操作加工与测量基本技能。

## 三、知识链接

### (一) 常用铣床

铣削加工是在铣床上用旋转的铣刀切削工件的一种加工方法。常用的铣床有卧式万能升降台铣床(图 5－3)和立式升降台铣床(图 5－4)两种。

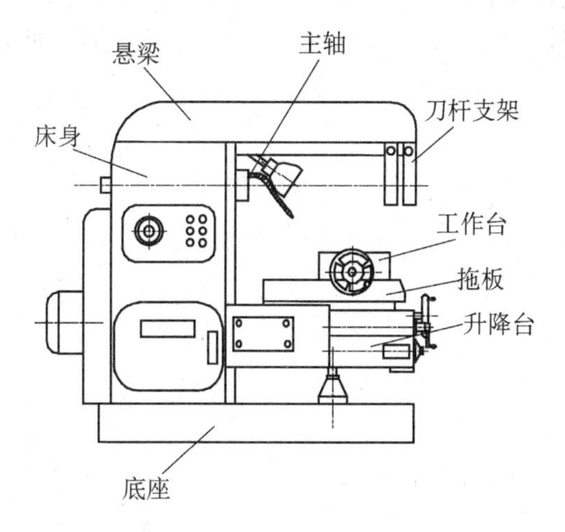

图 5－3　卧式万能升降台铣床

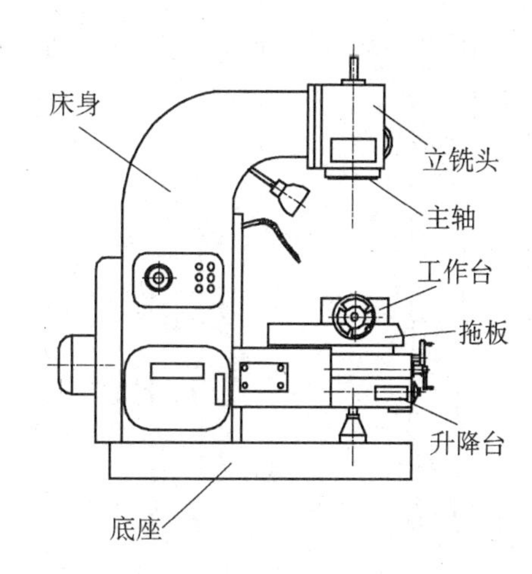

图 5－4　立式升降台铣床

### (二) 常用铣刀

铣刀是刀齿分布在旋转表面或端面上的多刃刀具，其几何形状复杂，种类较多，按铣刀切削部分材料可分为高速钢铣刀、硬质合金铣刀。按铣刀的结构形式分为整体式铣刀、镶齿式铣刀、可转位式铣刀。按铣刀的安装方法分为带孔铣刀、带柄铣刀。

**1. 端铣刀**

端铣刀如图 5－5 所示，它用在立式或卧式铣床上加工平面，一般采用可转位式端铣刀，刀齿等分排列在刀体端面上，刀杆部分很短，刚性好，且硬质合金铣刀适用于高速铣削，铣出的工件表面粗糙度较好，生产效率高。

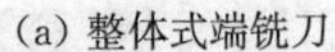

(a) 整体式端铣刀

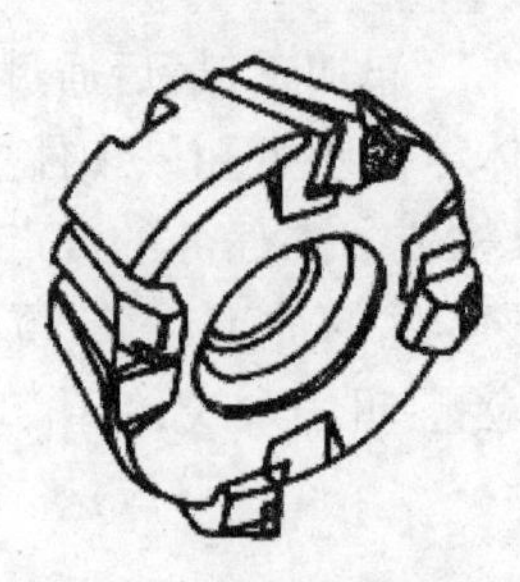

(b) 机夹焊接式端铣刀

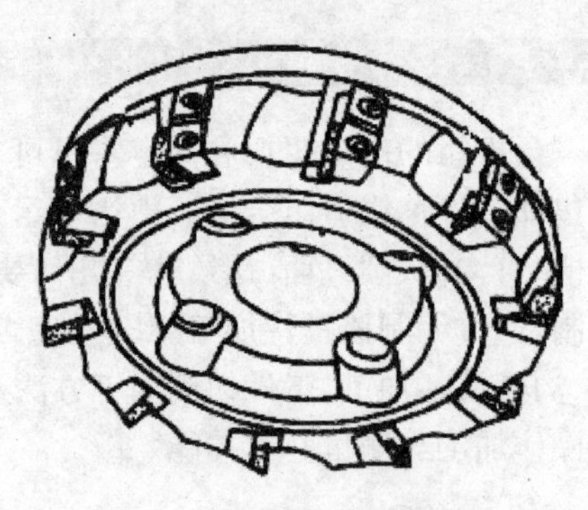

(c) 可转位式端铣刀

图 5－5　端铣刀

**2. 立铣刀**

立铣刀外形如图 5－6 所示，相当于带柄的圆柱铣刀，利用分布在圆柱表面的主切削刃进行加工，端面的副切削刃不通过中心，起修光作用。立铣刀分为直柄和锥柄两种，直径较大的立铣刀一般制成锥柄。立铣刀切削刃数一般为 3 个或 4 个，它主要用于加工凹槽、台阶。

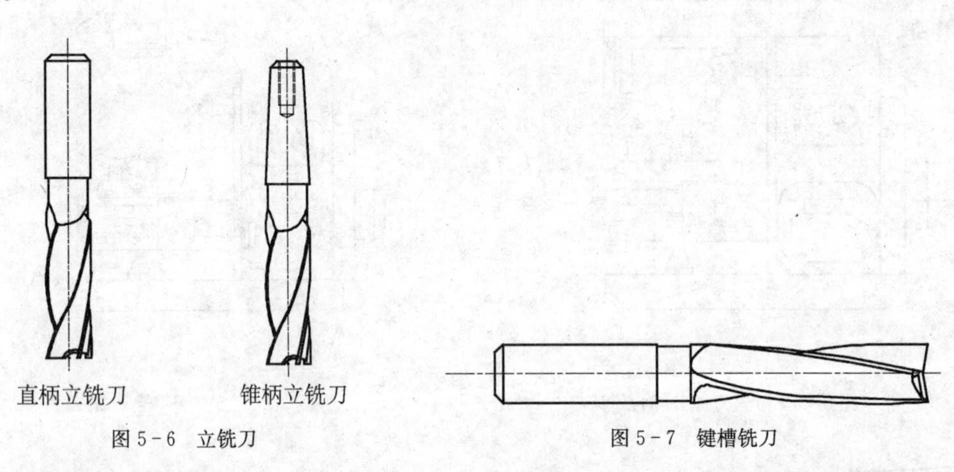


图 5－6　立铣刀

图 5－7　键槽铣刀

**3. 键槽铣刀**

键槽铣刀外形如图 5－7 所示，主要用于加工轴上的键槽，键槽铣刀外形与立铣刀相似，与立铣刀的主要区别是它只有两个切削刃，端面刀刃延伸至中心，可作适量的轴向进给。

**4. T 形槽铣刀(图 5－8)**

是在立式铣床上加工 T 形槽的专用铣刀，具有三面刃口。

**5. 燕尾槽铣刀(图 5－9)**

燕尾槽铣刀是在铣床上加工燕尾槽的专用成形铣刀，常用的角度有 60°、45°、30°等。

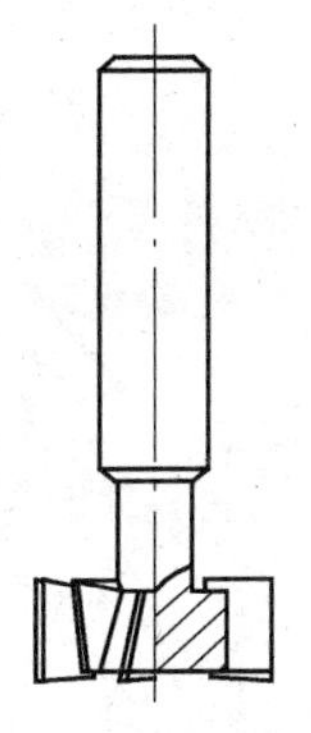

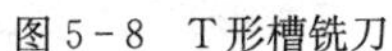

图 5－8　T 形槽铣刀

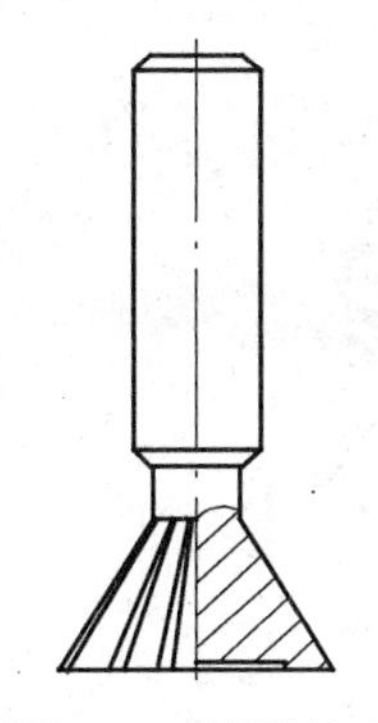

图 5－9　燕尾槽铣刀

**(三) 铣削工艺特点与工艺范围**

在铣床上利用铣刀的旋转运动和工件的直线运动对工件进行材料去除的加工方法称为铣削加工。铣削时刀具的旋转是主运动，工件的直线移动是进给运动。铣削精度一般为 IT 9～IT 7，表面粗糙度可达 $Ra = 6.3 \sim 1.6$，可用于粗加工、半精加工及精加工。

**1. 铣削加工的工艺特点**

(1) 由于铣刀是多刃旋转刀具，铣削时多个刀刃同时参加切削，每个刀刃又可间隙参加切削和轮流进行冷却，因此，铣削可采用较高的切削速度，获得较高的生产率。

(2) 铣刀种类多，加工范围广，能加工平面、斜面、沟槽、成形面、凸轮、齿轮等。

(3) 铣刀每个刀刃的切削过程是不连接的，刀刃与工件接触时间短，刀体体积较大，冷却条件好，减少了铣刀磨损，有利于延长铣刀的使用寿命。

(4) 铣削过程中，同时参加切削的刀刃数是变化的，每个刀刃的切削厚度也是变化的，因此切削力变化较大，工件与刀刃间容易产生振动，限制切削速度的提高，也影响了工件的加工质量。

**2. 铣削加工范围**

铣削加工范围很广，主要用于平面、沟槽及成形面的加工，常见铣削加工如图 5－10 所示。

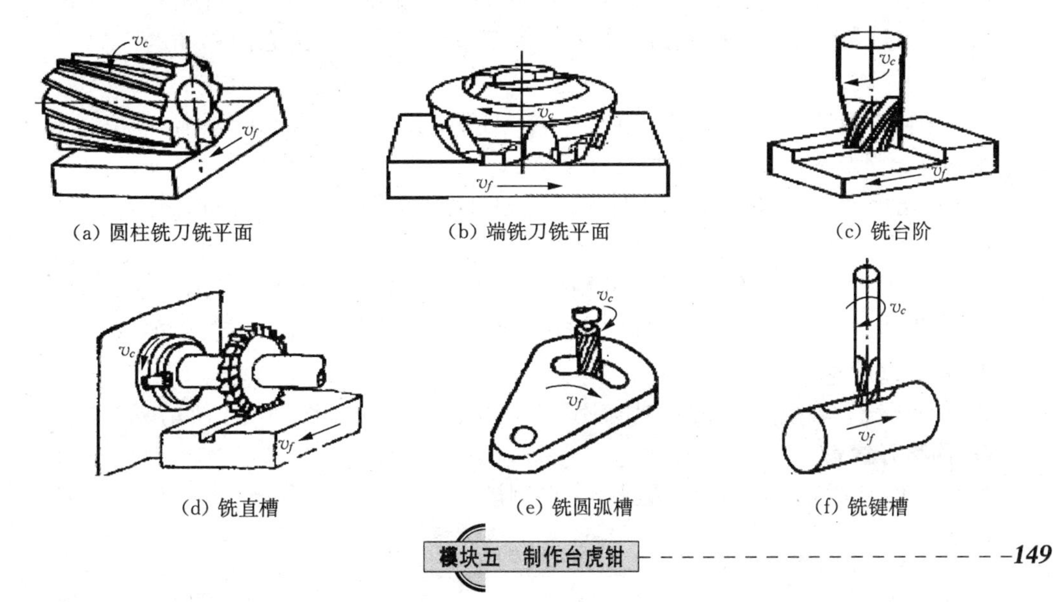


(a) 圆柱铣刀铣平面　(b) 端铣刀铣平面　(c) 铣台阶

(d) 铣直槽　(e) 铣圆弧槽　(f) 铣键槽

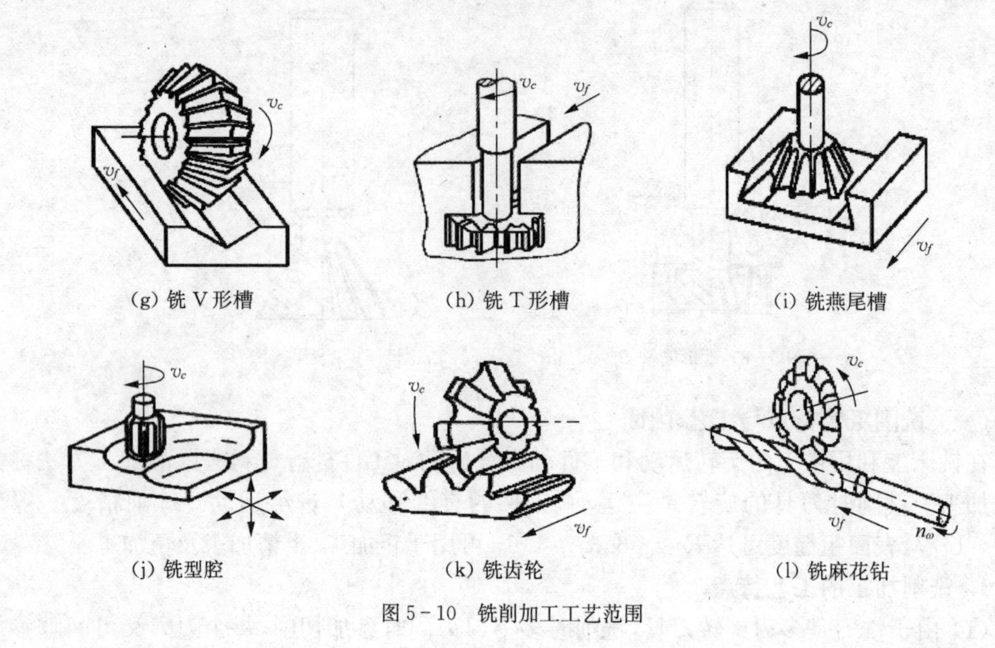

图 5-10　铣削加工工艺范围

### (四) 铣削用量

#### 1. 铣削速度 $v_c$

铣削过程中铣刀切削刃最大直径处的线速度，其计算公式为：

$$v_c = \frac{n\pi d}{1000}\ \mathrm{m/min}$$

式中：$d$——铣刀直径(mm)；

$n$——铣刀转速(r/min)。

#### 2. 进给量

铣削过程中工件相对于铣刀在进给方向的位移量，铣削进给量的表示方法有以下三种。

(1) 每齿进给量 $f_Z$：是指铣刀每转过一个刀齿，工件沿进给方向移动的距离，单位为 mm/z。

(2) 每转进给量 $f$：是指铣刀每旋转一转，工件沿进给方向移动的距离，单位为 mm/r。铣刀每转进给量与每齿进给量的关系为 $f = zf_Z$，式中 $z$ 为铣刀齿数。

(3) 进给速度 $v_f$：单位时间内工件沿进给方向移动的距离，单位为 mm/min。$v_f = nf = nzf_Z$。

在实际加工中，应根据零件的尺寸精度，表面粗糙度及铣刀结构等因素确定每齿进给量，然后计算进给量和进给速度，并根据铣床进给量表进行修正，取比较接近的值。

#### 3. 背吃刀量 $a_p$

指平行于铣刀轴线方向测量的切屑层尺寸，单位为 mm，如图 5-11 所示。

#### 4. 侧吃刀量 $a_e$

切削宽度，指垂直于铣刀轴线及进给方向测量的切屑层尺寸，单位为 mm，如图 5-11 所示。

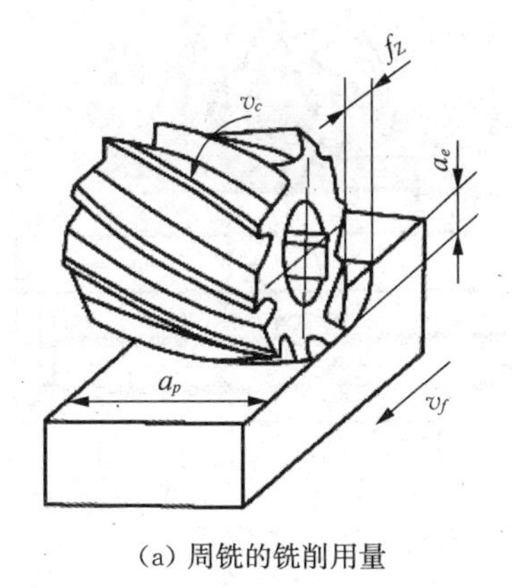


(a) 周铣的铣削用量

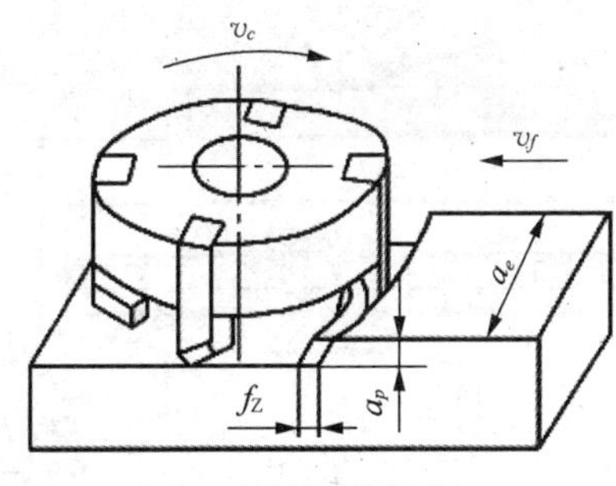


(b) 端铣的铣削用量

图 5 - 11　铣削用量

### (五) 铣削方式

#### 1. 端铣与周铣

不论是使用何种铣刀铣削何种表面，统统都可以归纳为两种大的加工方式，即端铣和周铣(图 5 - 12)。所谓端铣，就是利用铣刀端面的刀刃来加工工件的方式，见图 5 - 12(a)；而周铣则是利用铣刀圆柱面的刀刃来加工工件的方式，见图 5 - 12(b)。

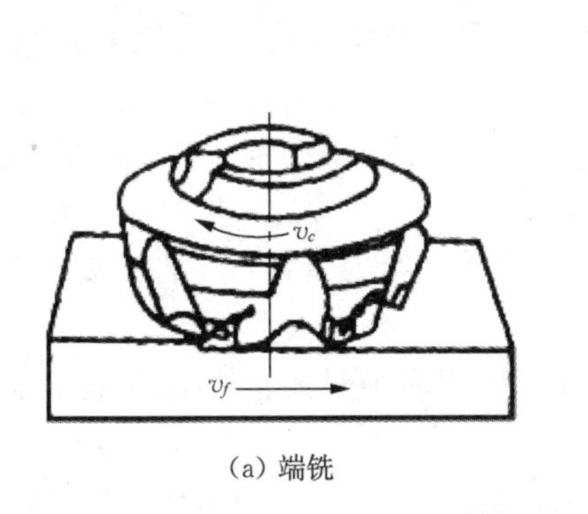


(a) 端铣

(b) 周铣

图 5 - 12　端铣与周铣

#### 2. 逆铣和顺铣

周铣时工件进给方向与铣刀回转方向相反，称为逆铣，如图 5 - 13(a)所示；相同则称为顺铣，如图 5 - 13(b)所示。

逆铣时工件受到的水平分力与进给方向相反，工作台传动丝杆与螺母的传动工作面始终接触，由螺纹副推动工作台运动，不会引起工作台窜动，不易打刀。但刀刃切入工件时切削厚度由浅到深，刚开始切入时，刀刃与工件表面挤压严重，加工面较粗糙，适合于粗铣。

顺铣刀刃切入工件时切削厚度由深到浅，加工面较光洁，适用于精铣。但顺铣时工件受到的水平分力与进给方向相同，当铣刀切到工件的硬点或因切削厚度变化等原因，引起水平分力突然增大，超过工作台进给摩擦阻力时，原来是螺纹副推动的运动形式变成了由铣刀带动工作台窜动的运动形式。窜动会使刀齿折断，刀杆弯曲，或使工件或夹具移位，甚至损坏

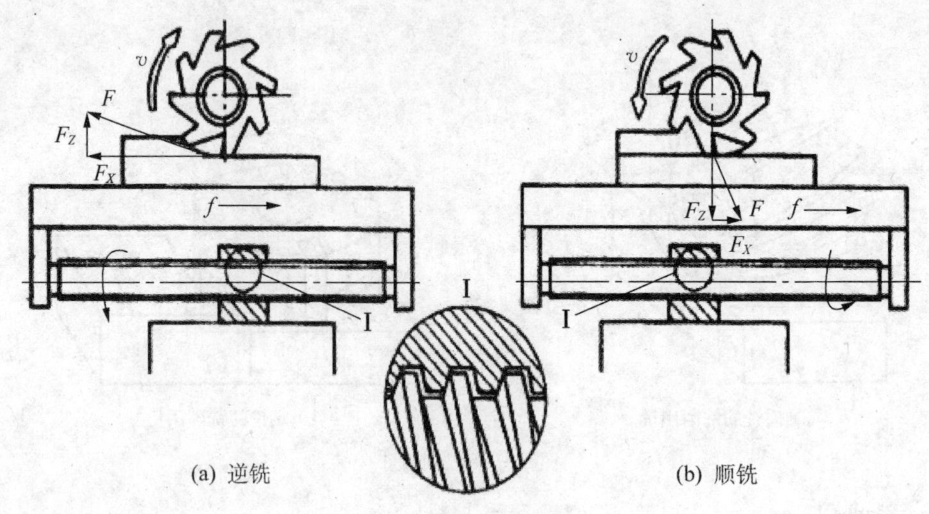


图 5-13　逆铣和顺铣

机床，故一般不宜采用顺铣。若铣床有间隙调整机构，也可采用顺铣。

**（六）铣床安全操作规程**

1. 学生进入车间必须穿工作服，戴工作帽，头发塞入帽中，高速铣削时必须戴防护镜，操作机床时禁止戴手套。

2. 学生在操作机床前，必须熟悉各操作手柄作用及操作方法，两人以上共用一台机床时，只能一人操作并注意他人安全。

3. 开机前检查各手轮、手柄和按钮位置是否正确，开低速运转，检查机床各部分是否正常。

4. 装夹工件、刀具必须停机进行。

5. 移动工作台、升降台时应先松开锁紧螺钉，快速进给刀具接近工件时要点动，保持一定的安全距离，防止相撞。

6. 头和手不要太靠近正在铣削的工件和刀具，切削时绝对禁止用手触摸刀具和工件以及测量工件。

7. 清除切屑时必须用毛刷等工具，不得用手直接清除，禁止用擦机床的棉纱擦手。

8. 工作台、升降台机动进给或手动进给时，应注意行程的限制，不可运行到极限位置，防止丝杆、螺母的脱开或损坏。

9. 不得在机床运转时变换主轴转速和进给量。

10. 工作场地保持整洁，刀具、工具和量具应放在规定的位置，工作台面上禁止放任何物品。

11. 工作结束后，应维护保养铣床，清除切屑，润滑机床，将工作台停在中间位置，切断电源。

## 四、技能辅导

**（一）铣削用量的选择**

铣削用量的选择应当根据工件的加工精度、铣刀的耐用度及机床的刚性，首先选定铣削深度(是指待加工面与加工面的垂直距离)，其次是每齿进给量，最后确定铣削速度。

按加工精度不同来选择铣削用量的一般原则：

1. 粗加工　因粗加工余量较大，精度要求不高，此时应当根据工艺系统刚性及刀具耐用度来选择铣削用量。一般选取较大的铣削深度(端铣时等于背吃刀量、周铣时等于侧吃刀量)，使一次进给尽可能多地切除毛坯余量。在刀具性能允许条件下应以较大的每齿进给量进行切削，以提高生产率。每齿进给量选择时可选表 5 - 1 中的推荐值。

**表 5 - 1　粗铣每齿进给量 $f_z$ 的推荐值**

| 刀具 | | 材料 | 推荐进给量(mm/z) |
|---|---|---|---|
| 高速钢 | 圆柱铣刀 | 钢 | 0.10～0.50 |
| | | 铸铁 | 0.12～0.20 |
| | 端铣刀 | 钢 | 0.04～0.06 |
| | | 铸铁 | 0.15～0.20 |
| | 三面刃铣刀 | 钢 | 0.04～0.06 |
| | | 铸铁 | 0.15～0.25 |
| 硬质合金铣刀 | | 钢 | 0.10～0.20 |
| | | 铸铁 | 0.15～0.30 |

2. 半精加工　此时工件的加工余量一般在 0.5～2 mm，并且无硬皮，加工时主要降低表面粗糙度值，因此应选择较小的每齿进给量，而取较大的切削速度。

3. 精加工　这时加工余量很小，应当着重考虑刀具的磨损对加工精度的影响，因此宜选择较小的每齿进给量和较大的铣削速度进行铣削。

铣削速度主要根据刀具材料及被加工材料来选取，具体可按表 5 - 2 来选取。

**表 5 - 2　铣削速度 $v_c$ 的推荐值**

| 工件材料 | 铣削速度(m/min) | | 说明 |
|---|---|---|---|
| | 高速钢铣刀 | 硬质合金铣刀 | |
| 20 | 20～45 | 150～190 | 1. 粗铣时取小值，精铣时取大值<br>2. 工件材料强度和硬度高取小值，反之取大值<br>3. 刀具材料耐热性好取大值，耐热性差取小值 |
| 45 | 20～35 | 120～150 | |
| 40Cr | 15～25 | 60～90 | |
| HT150 | 14～22 | 70～100 | |
| 黄铜 | 30～60 | 120～200 | |
| 铝合金 | 112～300 | 400～600 | |
| 不锈钢 | 16～25 | 50～100 | |

### (二) 铣刀的安装

**1. 圆柱铣刀、三面刃铣刀等带孔铣刀的安装(图 5－14)**

在卧式铣床上用长刀杆安装圆柱铣刀、三面刃铣刀等带孔铣刀，长刀杆如图 5－14(a)所示，刀杆的一端为锥体，装入机床前端的锥孔中，并用拉杆穿过主轴将刀杆拉紧。主轴的动力通过锥面和前端的端面键带动刀杆旋转。铣刀装在刀杆上应尽可能靠近主轴的前端，以减少刀杆因切削力的作用而变形。

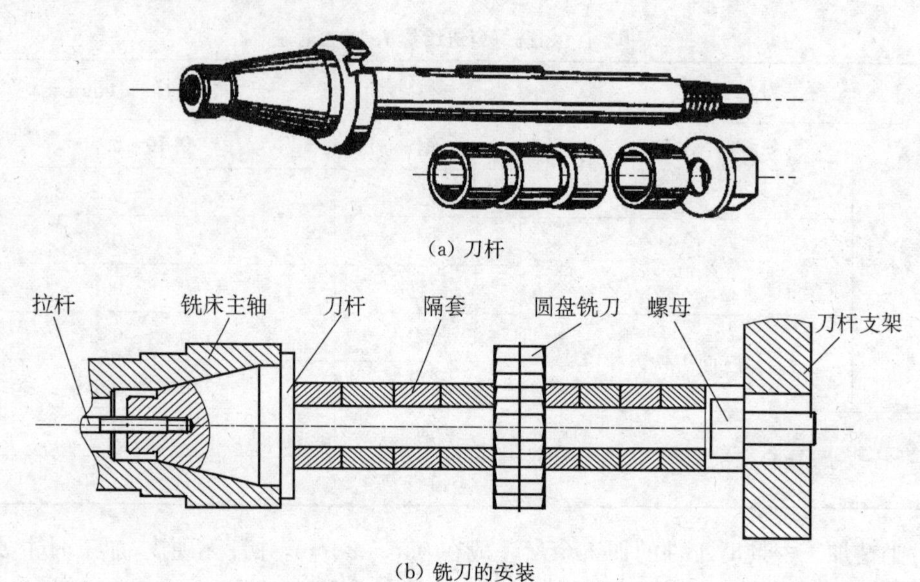


图 5－14 卧式铣床上带孔铣刀的安装

**2. 立铣刀的安装(图 5－15)**

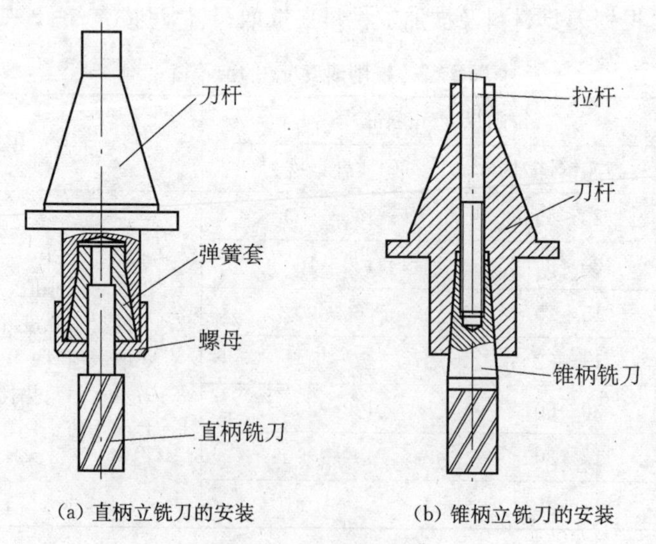


图 5－15 立铣刀的安装

对于直径为 10～50 mm 的锥柄立铣刀，若铣刀柄部的锥度与主轴锥孔的锥度相同，可直接装入机床的主轴孔内。否则需套上过渡套筒安装，对直径为 3～20 mm 的直柄立铣刀，可用弹簧夹头装夹，弹簧夹头可直接或采用中间锥套装入机床主轴孔内，再用拉杆紧固。

**3. 端铣刀的安装(图 5－16)**

安装端铣刀的刀杆形式见图 5－16。图 5－16(a)是圆柱面上带有键槽的刀杆。图 5－16(b)是在凸缘端面上带有键的刀杆，适宜于安装在端面上开有键槽的端铣刀，这种刀杆目前用得较广泛。

端铣刀一般中间带有圆孔，通常先把铣刀套在刀杆上，拧紧螺栓，然后把刀杆装入机床的主轴孔内，用拉杆拉紧刀杆。

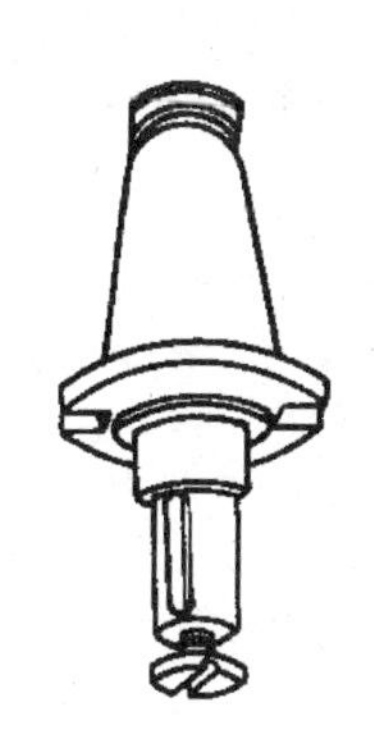

(a) 带有键槽的刀杆

(b) 凸缘端面上带有键的刀杆

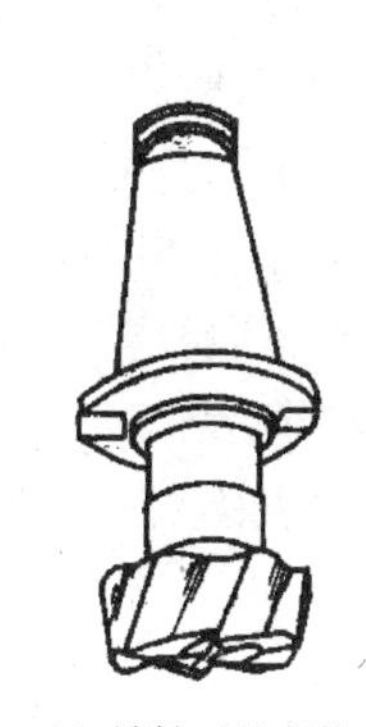

(c) 端铣刀的安装

图 5－16　端铣刀的安装

**4. 铣刀安装与拆卸注意事项**

(1) 选择合适长度的铣刀杆，铣刀应尽可能靠近主轴，保证铣刀杆的刚度。

(2) 擦净主轴孔、铣刀杆锥柄、套筒与铣刀的孔及端面，以减小铣刀的跳动。

(3) 注意主轴前端的端面键的位置，铣刀的切削转向应逆时针旋转。

(4) 拉杆螺纹旋入铣刀杆锥柄内螺纹的深度应不小于螺纹的直径。

(5) 安装托架前应先调整横梁至合适的位置，使铣刀杆前端轴轻轻进入托架的轴承孔内，再调整轴承松紧，并旋紧支架侧面的紧固螺钉。

(6) 必须先卸下支架和铣刀，并装上铣刀杆轴套和锁紧螺母，再卸下铣刀杆。

(7) 松开拉杆锁紧螺母，并在轴向用木锤轻轻敲击拉杆端部，使刀杆锥柄部分与主轴锥孔脱离，再旋出拉杆，取下铣刀杆。拉杆旋出时，应防止铣刀杆突然掉下，发生意外。

**(三) 常用铣床附件的使用方法**

**1. 机用平口钳组成与校正**

机用平口钳适用于中小尺寸和形状规则的工件安装，它是一种通用夹具，一般有非旋转式和旋转式两种，前者刚性较好，后者底座上有一刻度盘，能够把平口钳转成任意角度(图 5－17)。

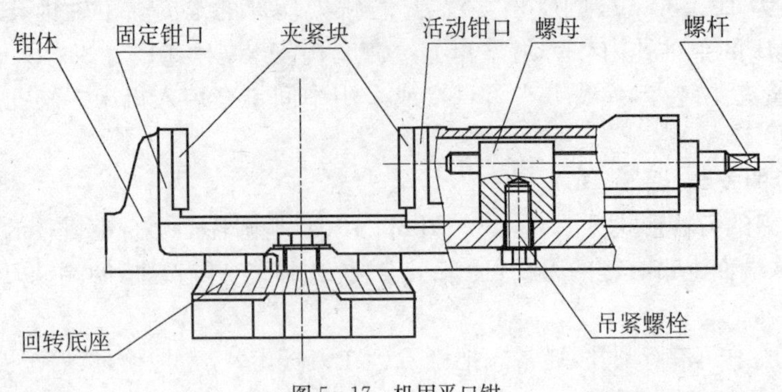

图 5-17　机用平口钳

安装平口钳时必须先将底面和工作台面擦干净，用 T 形槽螺栓固定于工作台上。

在平口钳投入使用前，必须对夹紧钳口进行校正，使钳口与横向或纵向工作台方向平行，精度较高时应用百分表校正钳口。

方法：将磁性表座吸在垂向导轨面上，装上杠杆式百分表，先目测，使固定钳口与纵向工作台平行，将百分表杠杆测头轴线安装成与钳口测量面成约 15°夹角，摇动横向工作台，使百分表测头接触固定钳口约＋0.20 mm，然后转动表盘使指针对准“0”位。往复移动纵向工作台，校正至百分表读数一致后，紧固回转盘螺母。如图 5-18 所示。

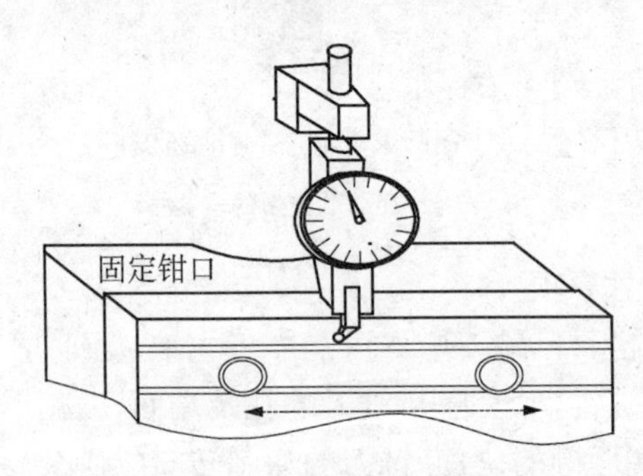

图 5-18　百分表校正钳口

**2. 万能分度头**

分度头是铣床常用的重要附件，分度头安装在铣床的工作台上，被加工工件支撑在分度头主轴顶尖与尾座顶尖之间或直接安装于三爪卡盘上，利用分度头可加工下列零件：

(1) 使工件绕分度头主轴轴线回转一定角度，在一次装夹中完成等分或不等分零件的分度工作，如加工四方、六角、花键、齿轮等。

(2) 通过分度头使工件的旋转与工作台丝杆的纵向进给保持一定的运动关系，用来加工螺旋槽、螺旋齿轮及阿基米德螺旋线凸轮等。

(3) 用三爪卡盘装夹工件，使工件轴线相对于铣床工作台倾斜一定的角度，用来加工与工件轴线相交成一定角度的平面、沟槽及直齿锥齿轮等。

万能分度头外形如图 5-19 所示。由机座、回转体、主轴和分度盘等组成。工作时，它的底座用T形槽螺钉固定在工作台上，分度头的前端锥孔可安放顶尖，用来支撑工件，或用三爪卡盘装夹工件。分度盘在若干不同圆周上均布着不同的孔数，转动手柄，通过手柄转过的转数及装在手柄槽内的分度定位销插入分度盘上孔的位置，就可使主轴转过一定的角度，达到分度的目的。万能分度头常用的分度方法有直接分度法、简单分度法、差动分度法等。

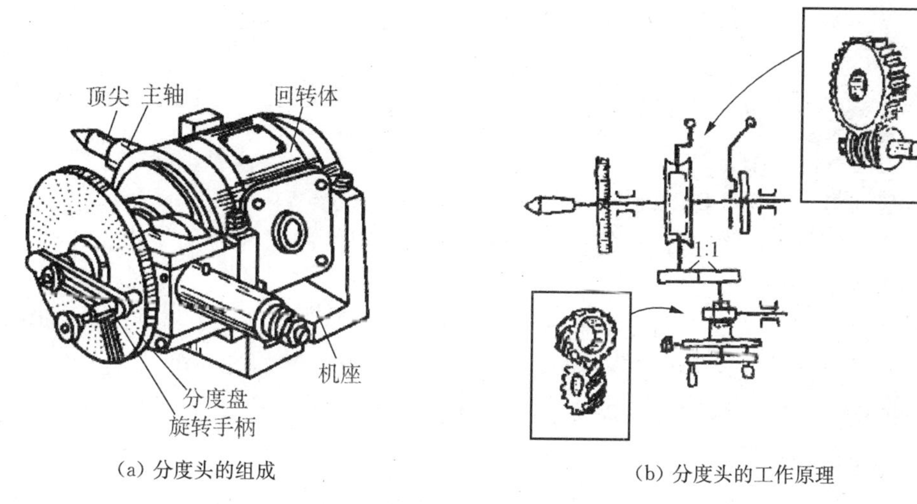


(a) 分度头的组成　　(b) 分度头的工作原理

图5-19　万能分度头

日常工作中使用最多的分度方法是简单分度法。将分度盘固定，摇动手柄经蜗杆、蜗轮带动主轴进行分度的方法叫简单分度法。一般分度头的分度蜗轮采用单头蜗杆和40齿的蜗轮，传动比 $i = 1/40$，即手柄转动1周，主轴转过1/40周。如铣 $z = 40$ 齿的齿轮，每铣完一个齿，把手柄转一圈即可铣第二个齿。

分度头手柄的转数与工件等分数的关系是：$n = 40/z$。

式中：$n$——手柄转数；

40——分度头定数；

$z$——工件等分数。

例：要铣 $z = 24$ 齿的齿轮，求铣完第一齿后，手柄摇过多少转可再铣第二个齿？

解：$n = \frac{40}{z} = \frac{40}{24} = 1\frac{2}{3} = 1\frac{16}{24} = 1\frac{20}{30} = \cdots$

即：铣完第一齿后，手柄摇 $1\frac{2}{3}$ 转就可以铣第二个齿了。当手柄摇过一转后，余下的 $\frac{2}{3}$ 转要借助分度盘的孔眼确定位置。这时，把 $\frac{2}{3}$ 的分子分母同时扩大几倍，使分母等于分度盘上某一圈的孔数，手柄在这一圈上继续摇过的孔数等于分子数，摇过的总圈数就是 $1\frac{2}{3}$ 圈了。分度盘的孔数见表5-3。

表 5-3　分度盘孔数

| 型　号 | 分度盘孔数 |
| --- | --- |
| FW125 | 16　24　30　36　41　47　57　59<br>23　25　28　33　39　43　51　61<br>22　27　29　31　37　49　53　63 |
| FW200<br>FW250<br>FW320 | 24　25　28　30　34　37　38　39<br>41　42　43　46　47　49　51　53<br>54　57　58　59　62　66 |

**(四) 矩形零件铣削方法**

**1. 粗基准的选择与工件的装夹**

加工矩形工件时,应选择较大的面作为粗基准,且粗基准只能使用一次。在图 5-20 中,选择 B 面为粗基准。

用机用平口钳装夹工件。首先将平口钳固定钳口校正与工作台纵向平行,平口钳的底部导轨面上垫上平行垫铁,然后将工件的基准面与固定钳口相贴合,在活动钳口处放置圆钢棒料后夹紧工件。若钳口与工件毛坯直接接触,必须在钳口与工件间垫上铜皮,然后夹紧工件。

**2. 矩形零件各面铣削顺序与方法**

在 XW5032 立式铣床上加工,刀具采用可转位式端铣刀。

(1) 铣削 A 面:如图 5-20(a)所示,工件以 B 面为粗基准,在平口钳导轨面上垫上平行垫铁,在活动钳口处放置圆钢棒料后夹紧工件,铣 A 面。

(2) 铣削 B 面:如图 5-20(b)所示,工件以 A 面为精基准,将 A 面与固定钳口贴紧,垫上平行垫铁,在活动钳口处放圆钢棒料,夹紧工件,铣出 B 面,记好升降台刻度,卸下工件,用刀口角尺检查 A、B 面的垂直度,如有误差,在固定钳口的上方或下方垫上相应厚度的垫片,然后工作台垂直少量升高,再进行铣削,直至垂直度达到要求。

(3) 铣削 C 面:如图 5-20(c)所示,工件以 A 面为基准贴靠在固定钳口上,垫上平行垫铁,B 面紧靠平行垫铁,在活动钳口放置圆钢棒料后夹紧工件,并用铜棒轻轻敲打,使 B 面与平行垫铁贴紧无隙,对刀后,铣出 C 面,用千分尺测量工件各点,若测得千分尺读数差在平行度范围内,则符合平行度要求,然后根据千分尺读数测得的工件铣削余量升高升降台,精铣 C 面。

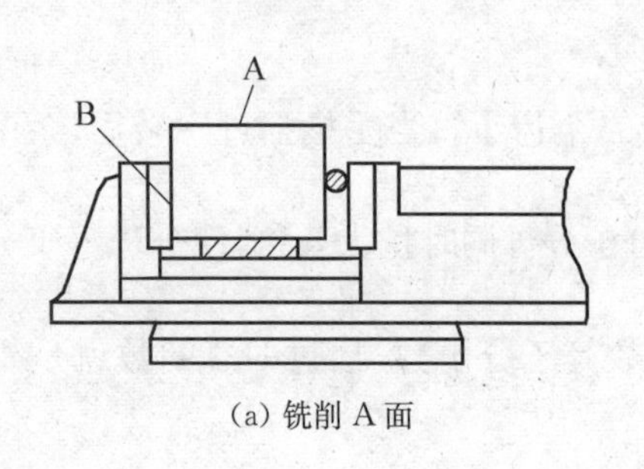

(a) 铣削 A 面

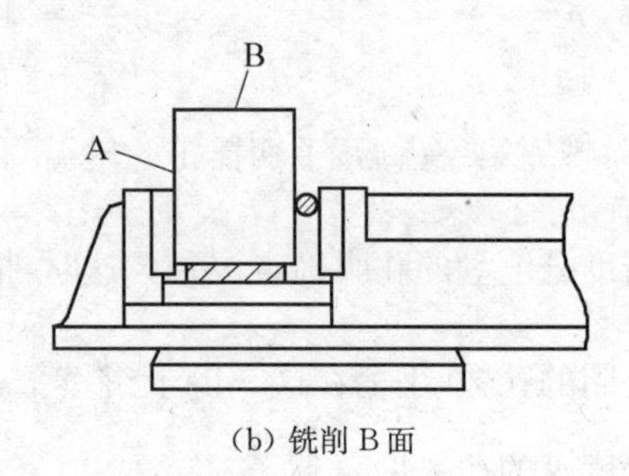

(b) 铣削 B 面

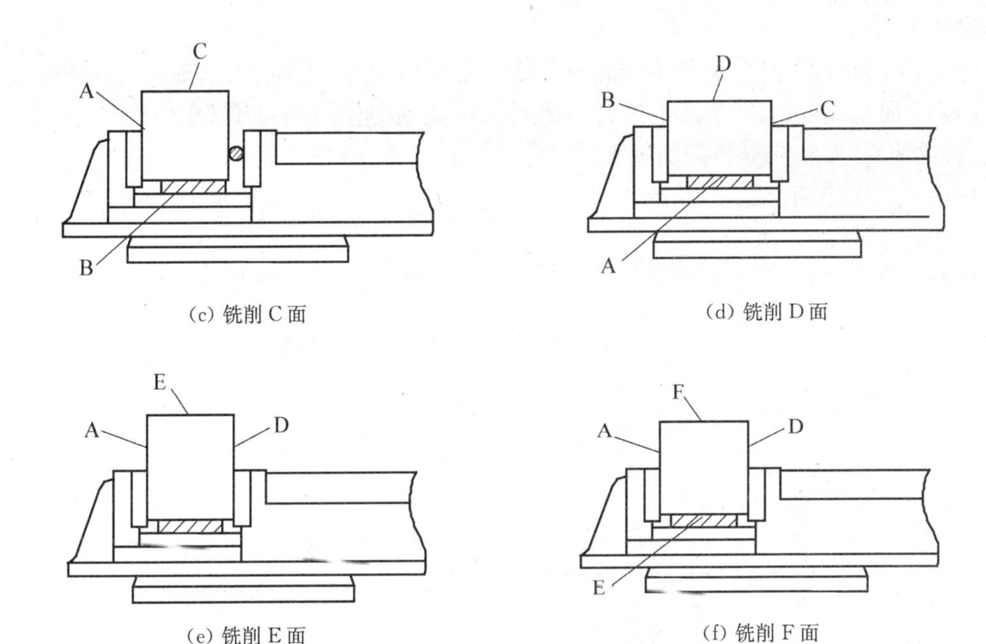


(c) 铣削 C 面　(d) 铣削 D 面

(e) 铣削 E 面　(f) 铣削 F 面

图 5－20　矩形零件铣削顺序

(4) 铣削 D 面：如图 5－20(d)所示，工件以 B 面为基准与固定钳口靠紧，A 面紧靠底面平行垫铁，夹紧工件，用铜棒轻轻敲打，使 A 面与平行垫铁贴紧无隙，对刀后，粗铣 D 面，检查平行度误差，再根据切削余量精铣 D 面，使其尺寸满足要求。

(5) 铣削 E 面：如图 5－20(e)所示，工件以 A 面为基准面，贴靠在固定钳口上，轻轻夹紧工件，将刀口角尺的短边基面与平行垫铁平面贴合，使长边与 B 面贴合，夹紧工件，如图 5－21 所示，夹紧工件。对刀后粗铣，铣出 E 面，检测 E 面对 A、B 面的垂直度，若测得误差较大，应重新装夹找正，然后再进行铣削，直至 E 面对 A、B 面的垂直度达到要求。

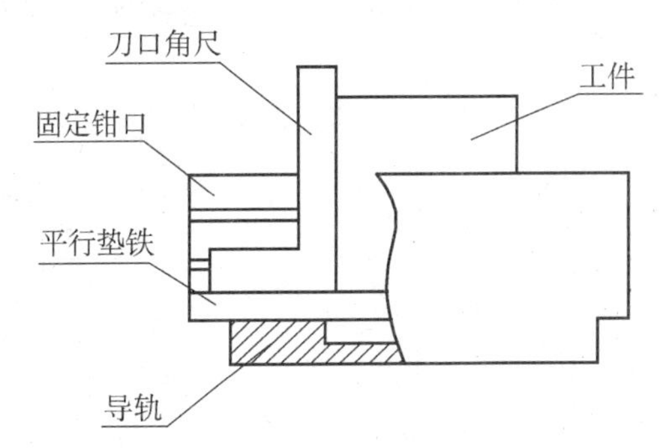


图 5－21　利用刀口角尺与平行垫铁找正工件垂直度

(6) 铣削 F 面：如图 5－20(f)所示，工件以 A 面为基准贴靠在固定钳口上，使 E 面与平行垫铁贴合，轻轻夹紧工件，将刀口角尺的短边基面与平行垫铁贴合，长边与工件 B 面贴合，夹紧工件，用铜棒轻轻敲击工件使之与平行垫铁贴紧，对刀后粗铣 F 面，测平行度，若测得平行度在误差之内，精铣 F 面，使其尺寸符合图纸要求。

**3. 铣削质量分析**

(1) 垂直度超差的原因：平口钳固定钳口与工作台台面不垂直，固定钳口与导轨面不干净，工件装夹时基准面有毛刺及脏物。

(2) 平行度超差的原因：立铣头主轴与工作台台面不垂直，横向进给时铣成斜面，纵向进给时产生凹面。

(3) 尺寸超差的原因:测量不准确或测量读数误差,计算错误或看错刻度,看错图纸。

(4) 表面粗糙度超差的原因:铣刀不锋利,切削用量选择不当,刀具刚性不足,主轴间隙过大,轴向窜动,工作台导轨间隙过大,工作台振动、窜动。

**(五) 燕尾槽铣削**

**1. 燕尾槽铣削方法**

划线后先用立铣刀铣直槽,再用燕尾铣刀铣燕尾槽,如图 5-22 所示。

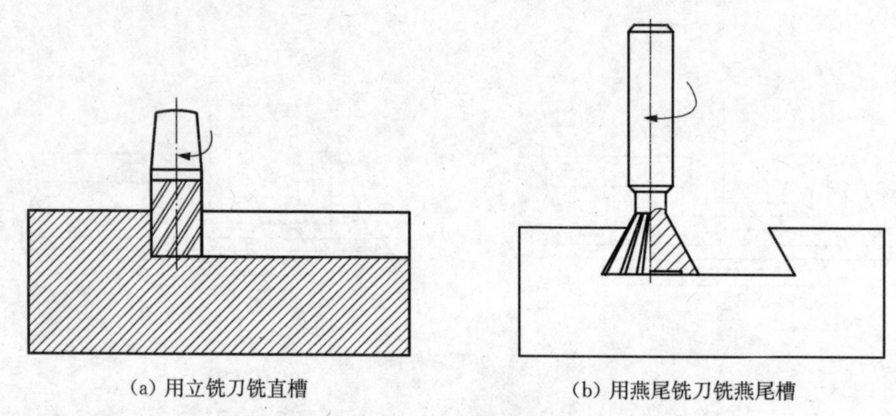

(a) 用立铣刀铣直槽　　(b) 用燕尾铣刀铣燕尾槽

图 5-22　燕尾槽铣削方法

**2. 燕尾槽测量与计算**

由于燕尾槽底尺寸难以直接测量,需用量针来测量,如图 5-23 所示。

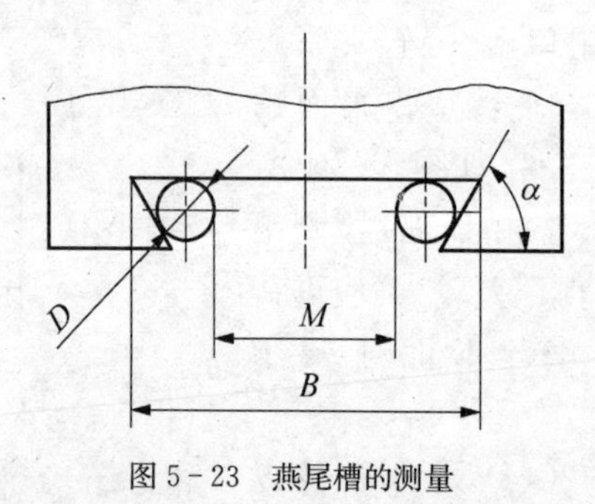


图 5-23　燕尾槽的测量

燕尾槽底尺寸:$B = M + D\left(\cot\frac{\alpha}{2} + 1\right)$。

式中:$M$——量针外圆间距;

$\alpha$——燕尾角;

$D$——量针直径。

# 任务2　加工底座

## 一、工作任务

加工如图 5－24 所示底座零件。

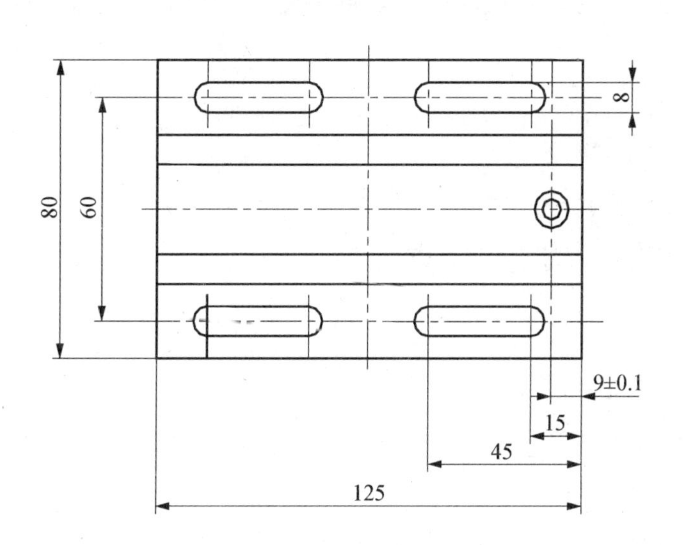


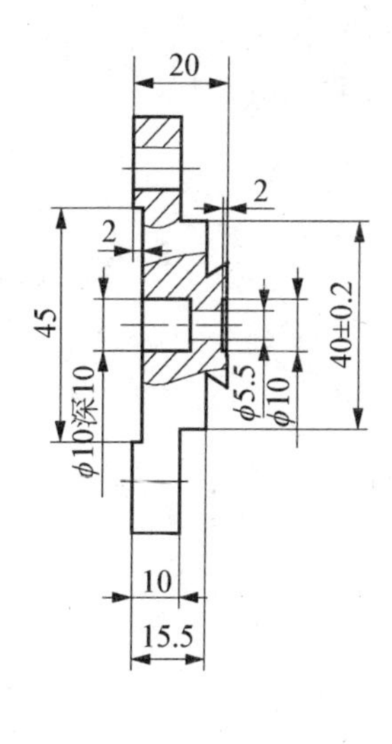


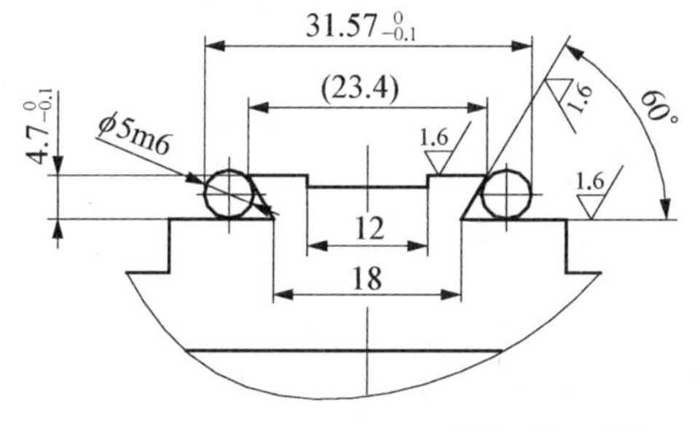


技术要求:
1. 未注粗糙度 $Ra$ 6.3

图 5－24　底座

## 二、任务分析

底座工件由平面、直沟槽、腰形槽、燕尾导轨、沉孔等几何要素构成，本任务的重点与难点主要是燕尾导轨铣削加工及测量、四条封闭腰形槽的铣削加工。通过编制该工件的加工工艺及完成该工件加工任务，帮助学生学习掌握封闭腰形槽铣削加工方法、燕尾凸台铣削加工方法及检测测量方法，训练铣床的基本操作技能。

## 三、技能辅导

**1. 封闭腰形槽加工方法**

封闭腰形槽可用键槽铣刀在立式铣床上加工，如图 5-25 所示，键槽铣刀每次轴向进给量取 1 mm 左右，再横向铣削，直至加工出全部封闭腰形槽。

或者用小于槽宽 0.5 mm 的钻头先加工出落刀孔，后再用直径等于槽宽的立铣刀加工出全部封闭腰形槽。

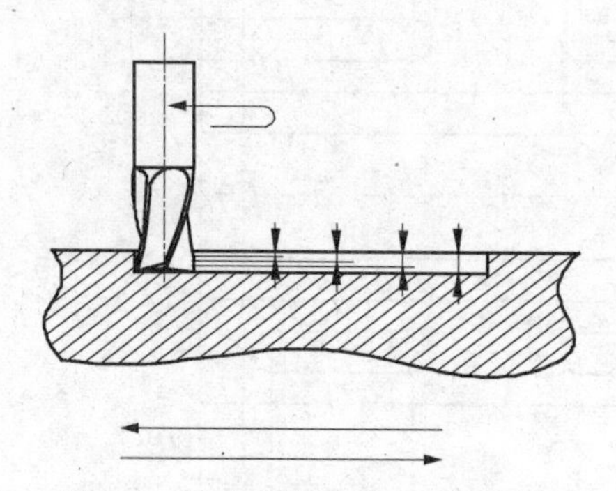

图 5-25 在立式铣床上加工封闭腰形槽

质量分析：

槽宽超差的原因是键槽铣刀直径选择不正确，铣刀与刀套的同轴度误差较大。

槽深超差的原因是铣刀装夹不牢固，铣削时有拉刀现象或调整铣削深度时刻度摇错。

**2. 燕尾的测量与计算**

与燕尾槽一样，燕尾的底部尺寸 $A$ 难以测量，可以通过测量量针间的尺寸 $S$ 经计算得到。如图 5-26 所示。$S=A+D\left(\cot\frac{\alpha}{2}+1\right)$。

式中：$A$——燕尾的底部尺寸；

$D$——量针直径；

$\alpha$——燕尾角。

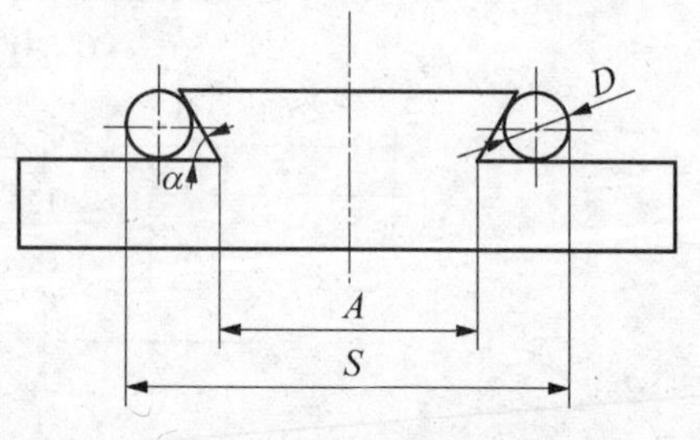


图 5-26 燕尾的测量与计算

# 任务 3 加工钳口垫块

## 一、加工任务

加工如图 5-27 所示钳口垫块工件。

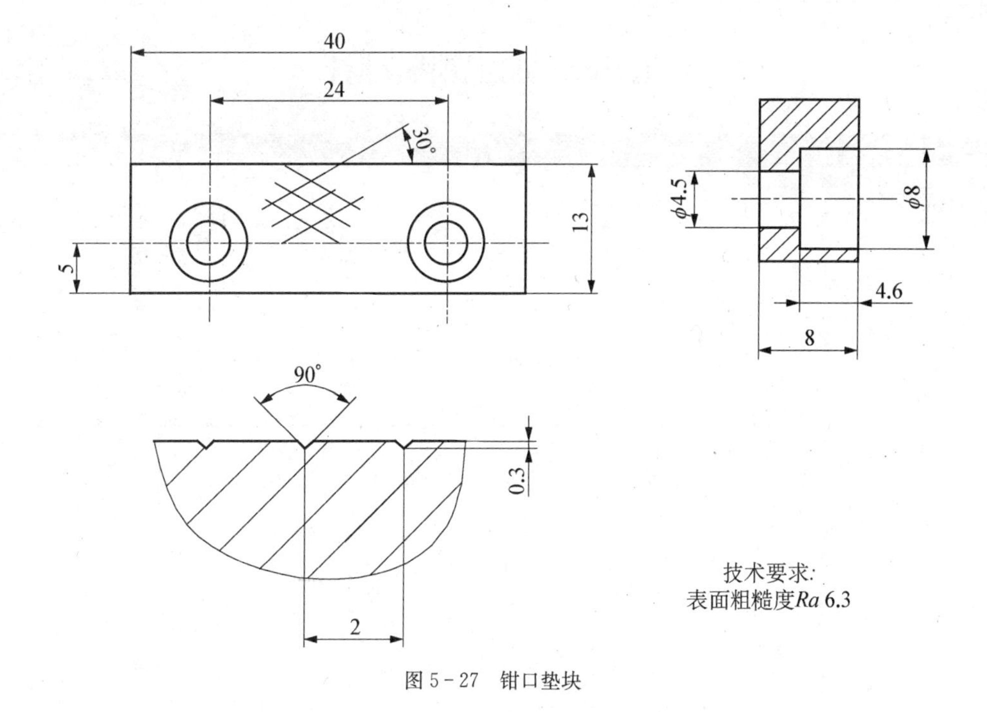


图 5－27　钳口垫块

## 二、任务分析

图示钳口垫块主要由六个平面、两个沉孔及工作面上防滑槽等要素构成，该工件材料采用 H62，本任务的难点与重点是采用手用锯条锯削 90°×0.3 防滑槽。通过编制该工件的加工工艺与完成该工件加工任务，帮助学生学习掌握磨锯条及锯削防滑槽方法，训练铣削平面、钻沉孔等基本操作技能。

## 三、技能辅导

防滑槽 90°×0.3 加工，采用手用锯条锯削，考虑到防滑槽形状，锯削前将手用锯条在砂轮上刃磨成如图 5－28 所示形状。

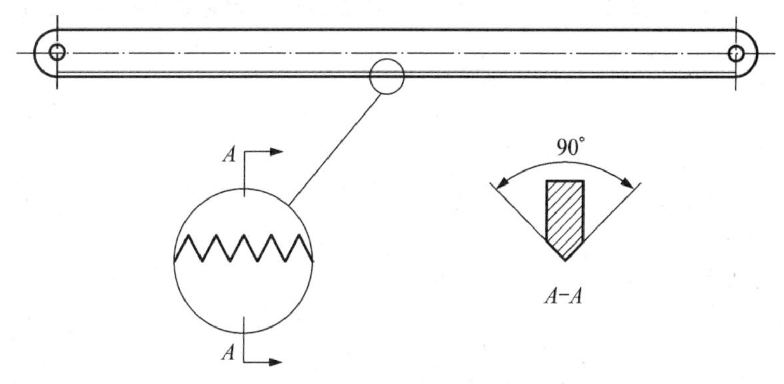


图 5－28　截面磨成 90°的锯条

# 任务 4 加工锁紧螺杆

## 一、加工任务

加工如图 5 - 29 所示锁紧螺杆工件。

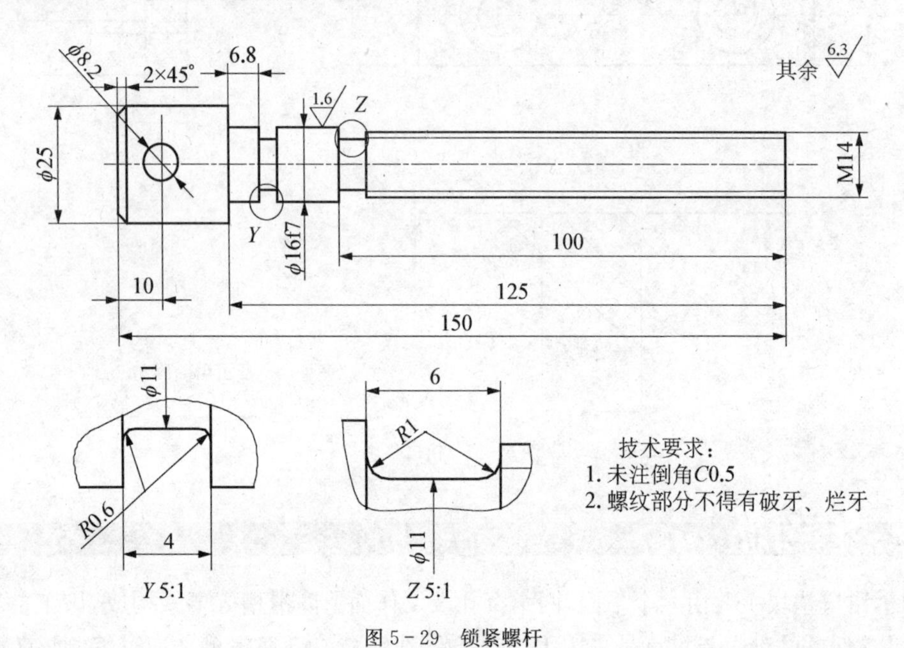


图 5 - 29 锁紧螺杆

## 二、任务分析

图示锁紧螺杆工件主要由圆柱面、槽、孔及外螺纹等要素构成，本任务的难点是在圆柱面上钻孔。通过编制该工件加工工艺和完成该工件加工任务，帮助学生学习掌握在圆轴上钻孔的方法，训练车圆柱面、车槽、手工加工外螺纹等基本操作技能。

## 三、技能辅导

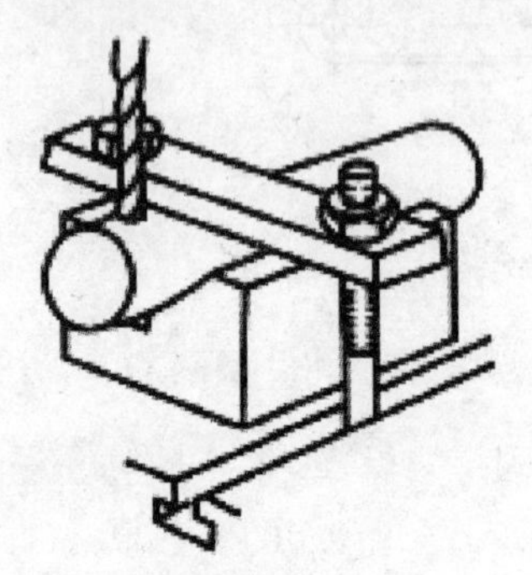

图 5 - 30 钻圆轴工件孔装夹方法

在圆轴上钻孔的方法：

1. 钻削图 5 - 29 所示锁紧螺杆上 $\phi$8.2 孔，其工件应采用 V 形铁来装夹，如图 5 - 30 所示。

2. 钻孔中心位置采用划线确定。

# 任务 5　加工锁紧手柄

## 一、加工任务

加工如图 5－31 所示锁紧手柄工件。

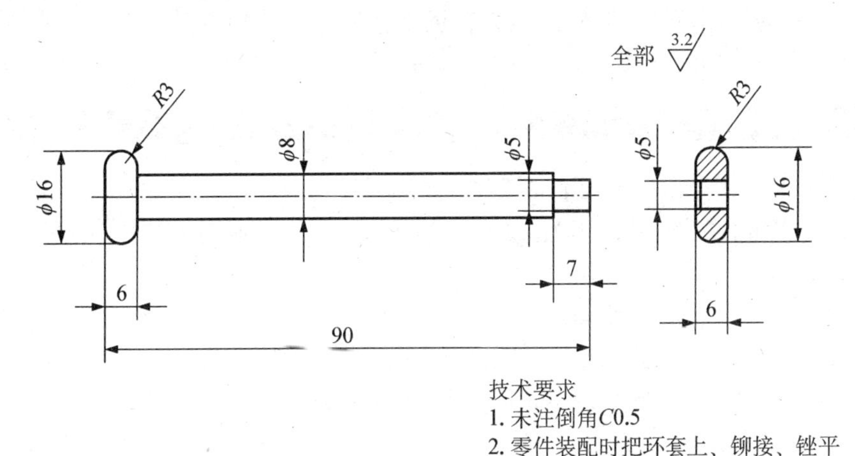


图 5－31　锁紧手柄

## 二、任务分析

图示锁紧手柄工件主要由圆柱面及圆弧倒角等几何要素构成，本任务难点是控制圆弧倒角参数。通过编制该工件加工工艺和完成该工件加工任务，帮助学生学习掌握刃磨圆弧成形车刀及车削圆弧倒角的方法，训练车削圆柱面、切断、车床上钻孔等基本操作技能。

## 三、技能辅导

手柄环圆弧倒角因装夹困难，可先圆弧倒角后再切下。

# 任务 6　装配台虎钳

## 一、工作任务

完成图 5－1 所示的台虎钳的装配。

## 二、任务分析

图 5－1 所示台虎钳由底座、锁紧螺杆、活动钳口、钳口垫块、固定钳口、锁紧手柄等零件按一定的组装关系构成具有夹紧工件功能的常见机械装备。本任务按照装配图将前面加工制作的工件组装起来，使其成为具有夹紧工件功能的台虎钳。

## 三、知识链接

按照图纸所规定的技术要求和精度等级标准，将零件组合成组件和部件，再将零件和部件组合成机器的过程称为装配。

装配是机器制造过程的最后一道工序。它包括装配（部装和总装）、调整、检验和试验等工作。机器质量的好坏、精度的高低，很大程度上都取决于装配质量的高低。所以，正确的装配工艺和先进熟练的装配技术是提高机器制造水平的关键一环。

## 四、技能辅导

台虎钳装配前，应先做好下列准备工作：

1. 熟悉台虎钳装配图、装配工艺文件和技术要求，了解台虎钳的结构、零件的作用和相互间的联接关系。
2. 确定装配方法、顺序和准备所需的工夹量具。
3. 对要装配的零件进行清洗，去除零件上的毛刺、锈迹和油污等。
4. 对某些零件还需要进行一些补充加工，如刮削、修配等。
5. 准备装配所需工艺装备。

台虎钳的装配步骤：

1. 将所有零件清洗好，检查相关尺寸。
2. 将固定钳口与底座用螺钉联接。
3. 将活动钳口与底座装配好，检查燕尾槽之间滑动是否灵活，旋上 M14 螺杆，将固定钳口锁紧，检查螺杆带动活动钳口运动的情况，并作相应的调整。
4. 将垫块装配于钳口上，摇动螺杆合并钳口，检查钳口垫块吻合程度，并进行修正。
5. 装配锁紧螺杆手柄，铆接手柄环。修正铆接面。
6. 检查装配结果。要求螺杆运动自如，燕尾槽配合间隙适中，两钳口平行，夹紧效果良好。

# 机械加工技能实训

## 工作任务书

### 模块五　制作台虎钳

单　　位：________________

部　　门：________________

班　　级：________________

姓　　名：________________

学号(工号)：________________

起讫日期：________________

指导教师：________________

# 任务1 加工钳口组合体

## 一、回答导向问题

1. 铣床加工中安全操作规程的内容有哪些？

2. 铣床的维护保养有什么要求？

3. 机用平口钳的钳口校正应如何进行，有哪些注意事项？

4. 万能分度头的分度原理、分度方法是什么？

5. 描述一下本单元介绍的常用铣刀，你还知道铣床其他的常用刀具吗？请简单介绍一下。

6. 简单描述在铣床上用机用平口钳装夹零件的方法与注意事项。

7. 矩形零件铣削时，面与面之间的垂直度、平行度是如何保证的？

8. 在本单元练习中，你在粗铣、精铣时如何选择切削用量？

9. 铣台阶时，可以采用哪几种铣刀，各有什么特点？你准备采用何种铣刀？

10. 提出 3 种在铣床上铣削斜面的方法。

11. 安装锯片铣刀时要注意哪些事项？

12. 在切断工件时，能采用机械自动进给吗？请说明原因。

13. 在加工钳口组合体时，采用怎样的铣削加工工艺来达到 4－$\phi$10 孔的加工要求？

## 二、制订工作计划

运用所学的知识与技能，完成钳口组合体加工工作计划，并填入表 5－1－1 中。

表 5－1－1　钳口组合体加工工作计划表

| 序号 | 加工内容 | 工艺装备 | | | 切削用量 | | |
|---|---|---|---|---|---|---|---|
| | | 机床 | 工具 | 量具 | 切削速度 | 进给量 | 背吃刀量 |
| | | | | | | | |
| | | | | | | | |
| | | | | | | | |
| | | | | | | | |
| | | | | | | | |
| | | | | | | | |
| | | | | | | | |
| | | | | | | | |
| | | | | | | | |
| | | | | | | | |
| | | | | | | | |

## 三、小组决策

由组长组织小组成员讨论，综合小组成员制订的钳口组合体加工工作计划，确定本小组钳口组合体加工工作计划，并填入表 5－1－2 中。

表 5－1－2　小组钳口组合体加工工作计划表

| 小组成员 | | | | | 组长 | | |
|---|---|---|---|---|---|---|---|
| 序号 | 加工内容 | 工艺装备 | | | 切削用量 | | |
| | | 机床 | 刀具 | 量具 | $v_c$ | $f$ | $a_p$ |
| | | | | | | | |
| | | | | | | | |
| | | | | | | | |
| | | | | | | | |
| | | | | | | | |
| | | | | | | | |
| | | | | | | | |
| | | | | | | | |
| | | | | | | | |
| | | | | | | | |
| 指导教师审核签名 | | | | 日期 | | | |

## 四、严格遵守机床操作规定，独立完成钳口组合体加工

### 1. 工量具准备

写出完成钳口组合体加工所需的工量具，填入表 5－1－3 中。

表 5－1－3　工量具清单

| 序号 | 名称 | 规格 | 数量(/人、/组) |
|---|---|---|---|
| 1 | | | |
| 2 | | | |
| 3 | | | |
| … | | | |

### 2. 加工钳口组合体

按小组制订的钳口组合体加工工作计划表，完成钳口组合体加工，并填写生产过程记录表(表 5－1－4)和工作日志(表 5－1－5)。

表 5-1-4 生产过程记录表

| 序号 | 项目 | 完成情况 | | |
| --- | --- | --- | --- | --- |
| | | 自检记录 | 组内评价 | 指导教师评价 |
| 1 | 铣床基本操作 | | | |
| 2 | 工件装夹 | | | |
| 3 | 铣削矩形面 | | | |
| 4 | 铣台阶面 | | | |
| 5 | 铣斜面 | | | |
| 6 | 铣削沟槽 | | | |
| 7 | 划线、钻孔、攻丝 | | | |
| 8 | 铣削燕尾槽 | | | |
| 9 | 铣两侧 $R5$ 及斜面 53° | | | |
| 10 | 铣削内腔体 | | | |
| 11 | 切断分体 | | | |
| 12 | 钻、攻 M5/M4 螺纹 | | | |
| 13 | 检测 | | | |
| 14 | 安全文明生产 | | | |

表 5-1-5　工作日志

| 日期 | 工作任务/工作阶段 | 遇到的问题和困难 | 问题的解决 |
|---|---|---|---|
| | | | |
| | | | |
| | | | |
| | | | |
| | | | |
| 备注： | | | |

**3. 安全文明生产**

遵守劳动纪律，进行安全文明生产，在实习生产过程中若有违反安全文明生产的情况，记录在表 5-1-6 中。

表 5-1-6　安全文明生产记录表

| 违反安全文明生产情况记录 | 本人签名 | 组长签名 | 指导教师签名 |
|---|---|---|---|
| | | | |

## 五、检查与评价

**1. 自我评价与小组评价**

对加工的钳口组合体零件按项目进行检测，对自己及组内成员完成的工作任务进行客观评价，并填写表 5-1-7。

表 5-1-7　自我评价与小组评价表

| 序号 | 项目与技术要求 | 配分 | 自检结果 | 组内互评结果 |
| --- | --- | --- | --- | --- |
| 1 | 长度 $14^{+0.05}_{0}$ | 5 | | |
| 2 | 长度 23±0.1 | 15 | | |
| 3 | 长度 40±0.1 | 10 | | |
| 4 | 孔 $\phi$16H7 | 10 | | |
| 5 | 长度 58 | 5 | | |
| 6 | 去毛刺 | 5 | | |
| 7 | 长度 $10.34^{+0.03}_{0}$ | 20 | | |
| 8 | 长度 32±0.1，15±0.1 | 5，5 | | |
| 9 | 表面粗糙度 *Ra* 3.2，*Ra* 1.6，*Ra* 6.3 | 10 | | |
| 10 | M14 螺纹 | 10 | | |
| 11 | 安全文明生产 | 违者酌情扣分 | | |
| 总计 | | 100 | | |
| 本人签名 | | 组长签名 | | |

**2. 教师评价**

结合学生加工完成的钳口组合体零件及安全文明生产，完成本次任务评价，并填入表5-1-8中。

表 5-1-8　钳口组合体制作质量检测表

| 序号 | 检验项目 | 技术要求 | 测量工具 | 测量结果 | 得分 |
| --- | --- | --- | --- | --- | --- |
| 1 | 长度 | $14^{+0.05}_{0}$ | 0～150 mm 游标卡尺 | | |
| 2 | 长度 | 23±0.1 | 0～150 mm 游标卡尺 | | |
| 3 | 长度 | 40±0.1 | 0～150 mm 游标卡尺 | | |
| 4 | 孔 | $\phi$16H7 | 塞规 | | |
| 5 | 长度 | 58 | 0～150 mm 游标卡尺 | | |
| 6 | 去毛刺 | | 目测 | | |
| 7 | 长度 | $10.34^{+0.03}_{0}$ | 0～25 mm 内径千分尺 | | |
| 8 | 长度 | 32±0.1，15±0.1 | 0～150 mm 游标卡尺 | | |
| 9 | 表面粗糙度 | *Ra* 3.2，*Ra* 1.6，*Ra* 6.3 | 粗糙度样板 | | |

续 表

| 序号 | 检验项目 | 技术要求 | 测量工具 | 测量结果 | 得分 |
|---|---|---|---|---|---|
| 10 | 螺纹 | M14 | 螺纹塞规 | | |
| 11 | 安全文明生产 | | | | |
| 总计得分 | | | | | |
| 检验结果 | 合格□ 不合格□ | | 指导教师 | | |

**3. 成绩汇总**

综合自我评价及组内互评、教师评价确定组内成员本次工作任务的综合成绩，并填入表5-1-9中。

**表5-1-9 综合成绩统计表**

| 个人评价30% | 组内互评40% | 教师评价30% | 综合成绩 |
|---|---|---|---|
| | | | |

## 六、反思与提高

从制订工作计划、零件加工制作及检查评价结果三个方面对存在的问题进行反思，寻求解决方法，持续改进，完成表5-1-10。

**表5-1-10 问题分析表**

| 存在问题 | 产生原因 | 解决方法 |
|---|---|---|
| | | |
| | | |
| | | |

# 任务2 加工底座

## 一、回答导向问题

1. 在进行腰形槽铣削时,你采用什么刀具,为什么?

2. 试分析一下造成槽宽和槽深超差的原因及如何防止。

3. 在铣削燕尾槽时如何保证燕尾槽的形状以及对零件中心线的对称度?

4. 怎样测量燕尾导轨?应使用哪些量具?

## 二、制订工作计划

运用所学的知识与技能,完成底座加工工作计划,并填入表5-2-1中。

表5-2-1 底座加工工作计划表

| 序号 | 加工内容 | 工艺装备 | | | 切削用量 | | |
|---|---|---|---|---|---|---|---|
| | | 机床 | 工具 | 量具 | 切削速度 | 进给量 | 背吃刀量 |
| | | | | | | | |
| | | | | | | | |
| | | | | | | | |
| | | | | | | | |
| | | | | | | | |

续 表

| 序号 | 加工内容 | 工艺装备 | | | 切削用量 | | |
|---|---|---|---|---|---|---|---|
| | | 机床 | 工具 | 量具 | 切削速度 | 进给量 | 背吃刀量 |
| | | | | | | | |
| | | | | | | | |
| | | | | | | | |
| | | | | | | | |
| | | | | | | | |
| | | | | | | | |

## 三、小组决策

由组长组织小组成员讨论，综合小组成员制订的底座加工工作计划，确定本小组底座加工工作计划，并填入表 5-2-2 中。

表 5-2-2 小组底座加工工作计划表

| 小组成员 | | | | 组长 | | |
|---|---|---|---|---|---|---|
| 序号 | 加工内容 | 工艺装备 | | | 切削用量 | | |
| | | 机床 | 刀具 | 量具 | $v_c$ | $f$ | $a_p$ |
| | | | | | | | |
| | | | | | | | |
| | | | | | | | |
| | | | | | | | |
| | | | | | | | |
| | | | | | | | |
| | | | | | | | |
| | | | | | | | |
| | | | | | | | |
| | | | | | | | |
| 指导教师审核签名 | | | 日期 | | | | |

## 四、严格遵守机床操作规定，独立完成底座加工

### 1. 工量具准备

写出完成底座加工所需的工量具，填入表 5-2-3 中。

表 5-2-3 工量具清单

| 序号 | 名称 | 规格 | 数量(/人、/组) |
| --- | --- | --- | --- |
| 1 | | | |
| 2 | | | |
| 3 | | | |
| … | | | |

**2. 加工底座**

按小组制订的底座加工工作计划表,完成底座加工,并填写生产过程记录表(表 5-2-4)和工作日志(表 5-2-5)。

表 5-2-4 生产过程记录表

| 序号 | 项目 | 完成情况 | | |
| --- | --- | --- | --- | --- |
| | | 自检记录 | 组内评价 | 指导教师评价 |
| 1 | 铣床基本操作 | | | |
| 2 | 工件装夹 | | | |
| 3 | 铣削平面 | | | |
| 4 | 铣削台阶 | | | |
| 5 | 铣削燕尾槽 | | | |
| 6 | 钻孔 | | | |
| 7 | 铣削腰形槽 | | | |
| 8 | 检测 | | | |
| 9 | 安全文明生产 | | | |

表 5-2-5　工作日志

| 日期 | 工作任务/工作阶段 | 遇到的问题和困难 | 问题的解决 |
| --- | --- | --- | --- |
| | | | |
| | | | |
| | | | |
| | | | |
| | | | |
| 备注： | | | |

**3. 安全文明生产**

遵守劳动纪律，进行安全文明生产，在实习生产过程中若有违反安全文明生产的情况，记录在表 5-2-6 中。

表 5-2-6　安全文明生产记录表

| 违反安全文明生产情况记录 | 本人签名 | 组长签名 | 指导教师签名 |
| --- | --- | --- | --- |
| | | | |

## 五、检查与评价

**1. 自我评价与小组评价**

对加工的底座零件按项目进行检测，对自己及组内成员完成的工作任务进行客观评价，并填写表 5-2-7。

表 5-2-7　自我评价与小组评价表

| 序号 | 项目与技术要求 | 配分 | 自检结果 | 组内互评结果 |
| --- | --- | --- | --- | --- |
| 1 | 外形尺寸 125×80×20 | 30 | | |
| 2 | 腰形槽 8×30 四处 | 10 | | |

续　表

| 序号 | 项目与技术要求 | 配分 | 自检结果 | 组内互评结果 |
|---|---|---|---|---|
| 3 | 凸台 40±0.2 | 5 | | |
| 4 | 直槽 12×2 | 10 | | |
| 5 | 燕尾槽 $4.7_{-0.1}^{0}$ | 10 | | |
| 6 | 燕尾槽 $31.57_{-0.1}^{0}$ | 15 | | |
| 7 | 孔 $\phi10$，$\phi5.5$ | 5，5 | | |
| 8 | 表面粗糙度 $Ra$ 1.6,$Ra$ 6.3 | 5 | | |
| 9 | 去毛刺 | 5 | | |
| 10 | 安全文明生产 | 违者酌情扣分 | | |
| 总计 | | 100 | | |
| 本人签名 | | | 组长签名 | |

**2. 教师评价**

结合学生加工完成的底座零件及安全文明生产，完成本次任务评价，并填入表5-2-8中。

**表5-2-8　底座加工质量检测表**

| 序号 | 检验项目 | 技术要求 | 测量工具 | 测量结果 | 得分 |
|---|---|---|---|---|---|
| 1 | 外形尺寸 | 125×80×20 | 0～150 mm 游标卡尺 | | |
| 2 | 腰形槽 | 8×30 四处 | 0～150 mm 游标卡尺 | | |
| 3 | 凸台 | 40±0.2 | 0～150 mm 游标卡尺 | | |
| 4 | 直槽 | 12×2 | 0～150 mm 游标卡尺 | | |
| 5 | 燕尾槽 | $4.7_{-0.1}^{0}$ | 0～150 mm 游标卡尺 | | |
| 6 | | $31.57_{-0.1}^{0}$ | 量针，0～150 mm 游标卡尺 | | |
| 7 | 孔 | $\phi10$，$\phi5.5$ | 0～150 mm 游标卡尺 | | |
| 8 | 表面粗糙度 | $Ra$ 1.6,$Ra$ 6.3 | 粗糙度样板 | | |
| 9 | 去毛刺 | | 目测 | | |
| 10 | 安全文明生产 | | | | |
| 总计得分 | | | | | |
| 检验结果 | 合格□　不合格□ | | 指导教师 | | |

**3. 成绩汇总**

综合自我评价及组内互评、教师评价确定组内成员本次工作任务的综合成绩，并填入表

5-2-9中。

表 5-2-9 综合成绩统计表

| 个人评价 30% | 组内互评 40% | 教师评价 30% | 综合成绩 |
| --- | --- | --- | --- |
|  |  |  |  |

## 六、反思与提高

从制订工作计划、零件加工制作及检查评价结果三个方面对存在的问题进行反思，寻求解决方法，持续改进，完成表 5-2-10。

表 5-2-10 问题分析表

| 存在问题 | 产生原因 | 解决方法 |
| --- | --- | --- |
|  |  |  |
|  |  |  |
|  |  |  |

# 任务3 加工钳口垫块

## 一、回答导向问题

1. 如何修磨钻削黄铜的麻花钻？

2. 钻削黄铜的麻花钻的锋角是多少？为什么？

3. 简述台阶孔的加工工艺及步骤。

4. 如何掌握钻削黄铜的进给速度？

## 二、制订工作计划

运用所学的知识与技能，完成钳口垫块加工工作计划，并填入表 5－3－1 中。

表 5－3－1 钳口垫块加工工作计划表

| 序号 | 加工内容 | 工艺装备 | | | 切削用量 | | |
|---|---|---|---|---|---|---|---|
| | | 机床 | 工具 | 量具 | 切削速度 | 进给量 | 背吃刀量 |
| | | | | | | | |
| | | | | | | | |
| | | | | | | | |
| | | | | | | | |
| | | | | | | | |
| | | | | | | | |
| | | | | | | | |
| | | | | | | | |
| | | | | | | | |
| | | | | | | | |
| | | | | | | | |

## 三、小组决策

由组长组织小组成员讨论，综合小组成员制订的钳口垫块加工工作计划，确定本小组钳口垫块加工工作计划，并填入表 5－3－2 中。

表 5－3－2 小组钳口垫块加工工作计划表

| 小组成员 | | | | | 组长 | | |
|---|---|---|---|---|---|---|---|
| 序号 | 加工内容 | 工艺装备 | | | 切削用量 | | |
| | | 机床 | 刀具 | 量具 | $v_c$ | $f$ | $a_p$ |
| | | | | | | | |
| | | | | | | | |
| | | | | | | | |

续 表

| 序号 | 加工内容 | 工艺装备 | | | 切削用量 | | |
|---|---|---|---|---|---|---|---|
| | | 机床 | 刀具 | 量具 | $v_c$ | $f$ | $a_p$ |
| | | | | | | | |
| | | | | | | | |
| | | | | | | | |
| | | | | | | | |
| | | | | | | | |
| | | | | | | | |
| 指导教师审核签名 | | | | 日期 | | | |

## 四、严格遵守机床操作规定,独立完成钳口垫块加工

### 1. 工量具准备

写出完成钳口垫块加工所需的工量具,填入表5-3-3中。

表5-3-3 工量具清单

| 序号 | 名称 | 规格 | 数量(/人、/组) |
|---|---|---|---|
| 1 | | | |
| 2 | | | |
| 3 | | | |
| … | | | |

### 2. 加工钳口垫块

按小组制订的钳口垫块加工工作计划表,完成钳口垫块加工,并填写生产过程记录表(表5-3-4)和工作日志(表5-3-5)。

表5-3-4 生产过程记录表

| 序号 | 项目 | 完成情况 | | |
|---|---|---|---|---|
| | | 自检记录 | 组内评价 | 指导教师评价 |
| 1 | 铣床基本操作 | | | |
| 2 | 工件装夹 | | | |

续　表

| 序号 | 项目 | 完成情况 | | |
| --- | --- | --- | --- | --- |
| | | 自检记录 | 组内评价 | 指导教师评价 |
| 3 | 铣削平面 | | | |
| 4 | 锯削防滑槽 | | | |
| 5 | 钻孔 | | | |
| 6 | 检测 | | | |
| 7 | 安全文明生产 | | | |

表 5-3-5　工作日志

| 日期 | 工作任务/工作阶段 | 遇到的问题和困难 | 问题的解决 |
| --- | --- | --- | --- |
| | | | |
| | | | |
| | | | |
| | | | |
| | | | |
| 备注： | | | |

**3. 安全文明生产**

遵守劳动纪律，进行安全文明生产，在实习生产过程中若有违反安全文明生产的情况，记录在表 5-3-6 中。

表 5-3-6　安全文明生产记录表

| 违反安全文明生产情况记录 | 本人签名 | 组长签名 | 指导教师签名 |
| --- | --- | --- | --- |
| | | | |

## 五、检查与评价

### 1. 自我评价与小组评价

对加工的钳口垫块零件按项目进行检测，对自己及组内成员完成的工作任务进行客观评价，并填写表 5-3-7。

表 5-3-7　自我评价与小组评价表

| 序号 | 项目与技术要求 | 配分 | 自检结果 | 组内互评结果 |
| --- | --- | --- | --- | --- |
| 1 | 外形尺寸 40×13×8 | 30 | | |
| 2 | 孔 $\phi8$，$\phi4.5$ | 20 | | |
| 3 | 孔位 24，$5_{-0.1}^{0}$ | 5，5 | | |
| 4 | 台阶孔深 4.6 | 5 | | |
| 5 | 防滑槽 90°×0.3 | 25 | | |
| 6 | 表面粗糙度 $Ra$ 6.3 | 5 | | |
| 7 | 去毛刺 | 5 | | |
| 8 | 安全文明生产 | 违者酌情扣分 | | |
| 总计 | | 100 | | |
| 本人签名 | | 组长签名 | | |

### 2. 教师评价

结合学生加工完成的钳口垫块零件及安全文明生产，完成本次任务评价，并填入表 5-3-8中。

表 5-3-8　钳口垫块加工质量检测表

| 序号 | 检验项目 | 技术要求 | 测量工具 | 测量结果 | 得分 |
| --- | --- | --- | --- | --- | --- |
| 1 | 外形尺寸 | 40×13×8 | 0～150 mm 游标卡尺 | | |
| 2 | 孔 | $\phi8$，$\phi4.5$ | 0～150 mm 游标卡尺 | | |
| 3 | 防滑槽 | 90°×0.3 | 目测 | | |

续 表

| 序号 | 检验项目 | 技术要求 | 测量工具 | 测量结果 | 得分 |
|---|---|---|---|---|---|
| 4 | 台阶孔深度 | 4.6 | 0～150 mm 游标卡尺 | | |
| 5 | 螺孔中心距 | 24，$5_{-0.1}^{0}$ | 0～150 mm 游标卡尺 | | |
| 6 | 表面粗糙度 | *Ra* 6.3 | 粗糙度样板 | | |
| 7 | 去毛刺 | | 目测 | | |
| 8 | 安全文明生产 | | | | |
| 总计得分 | | | | | |
| 检验结果 | 合格□ 不合格□ | | 指导教师 | | |

### 3. 成绩汇总

综合自我评价及组内互评、教师评价确定组内成员本次工作任务的综合成绩，并填入表5-3-9中。

表 5-3-9 综合成绩统计表

| 个人评价 30% | 组内互评 40% | 教师评价 30% | 综合成绩 |
|---|---|---|---|
| | | | |

## 六、反思与提高

从制订工作计划、零件加工制作及检查评价结果三个方面对存在的问题进行反思，寻求解决方法，持续改进，完成表 5-3-10。

表 5-3-10 问题分析表

| 存在问题 | 产生原因 | 解决方法 |
|---|---|---|
| | | |
| | | |
| | | |

# 任务4 加工锁紧螺杆

## 一、回答导向问题

1. 圆轴上钻孔的要点是什么？

2. 圆轴上钻孔时工件应怎样装夹？应采用什么工具？

3. 圆轴上钻孔的步骤？

4. 钻孔的安全知识有哪些？

## 二、制订工作计划

运用所学的知识与技能，完成锁紧螺杆加工工作计划，并填入表5－4－1中。

表5－4－1 锁紧螺杆加工工作计划表

| 序号 | 加工内容 | 工艺装备 | | | 切削用量 | | |
|---|---|---|---|---|---|---|---|
| | | 机床 | 工具 | 量具 | 切削速度 | 进给量 | 背吃刀量 |
| | | | | | | | |
| | | | | | | | |
| | | | | | | | |
| | | | | | | | |
| | | | | | | | |
| | | | | | | | |
| | | | | | | | |
| | | | | | | | |
| | | | | | | | |
| | | | | | | | |
| | | | | | | | |

## 三、小组决策

由组长组织小组成员讨论，综合小组成员制订的锁紧螺杆加工工作计划，确定本小组锁紧螺杆加工工作计划，并填入表 5－4－2 中。

表 5－4－2　小组锁紧螺杆加工工作计划表

| 小组成员 | | | | | 组长 | | |
|---|---|---|---|---|---|---|---|
| 序号 | 加工内容 | 工艺装备 | | | 切削用量 | | |
| | | 机床 | 刀具 | 量具 | $v_c$ | $f$ | $a_p$ |
| | | | | | | | |
| | | | | | | | |
| | | | | | | | |
| | | | | | | | |
| | | | | | | | |
| | | | | | | | |
| | | | | | | | |
| | | | | | | | |
| | | | | | | | |
| 指导教师审核签名 | | | | 日期 | | | |

## 四、严格遵守机床操作规定，独立完成锁紧螺杆加工

### 1. 工量具准备

写出完成锁紧螺杆加工所需的工量具，填入表 5－4－3 中。

表 5－4－3　工量具清单

| 序号 | 名称 | 规格 | 数量(/人、/组) |
|---|---|---|---|
| 1 | | | |
| 2 | | | |
| 3 | | | |
| … | | | |

### 2. 加工锁紧螺杆

按小组制订的锁紧螺杆加工工作计划表，完成锁紧螺杆加工，并填写生产过程记录表(表5－4－4)和工作日志(表 5－4－5)。

表 5-4-4　生产过程记录表

| 序号 | 项目 | 完成情况 | | |
|---|---|---|---|---|
| | | 自检记录 | 组内评价 | 指导教师评价 |
| 1 | 车床基本操作 | | | |
| 2 | 工件装夹 | | | |
| 3 | 车削各部外圆 | | | |
| 4 | 割槽 | | | |
| 5 | 板制 M14 外螺纹 | | | |
| 6 | 钻孔 | | | |
| 7 | 检测 | | | |
| 8 | 安全文明生产 | | | |

表 5-4-5　工作日志

| 日期 | 工作任务/工作阶段 | 遇到的问题和困难 | 问题的解决 |
|---|---|---|---|
| | | | |
| | | | |
| | | | |

续　表

| 日期 | 工作任务/工作阶段 | 遇到的问题和困难 | 问题的解决 |
| --- | --- | --- | --- |
| | | | |
| | | | |
| 备注： | | | |

### 3. 安全文明生产

遵守劳动纪律，进行安全文明生产，在实习生产过程中若有违反安全文明生产的情况，记录在表5-4-6中。

表5-4-6　安全文明生产记录表

| 违反安全文明生产情况记录 | 本人签名 | 组长签名 | 指导教师签名 |
| --- | --- | --- | --- |
| | | | |

## 五、检查与评价

### 1. 自我评价与小组评价

对加工的锁紧螺杆零件按项目进行检测，对自己及组内成员完成的工作任务进行客观评价，并填写表5-4-7。

表5-4-7　自我评价与小组评价表

| 序号 | 项目与技术要求 | 配分 | 自检结果 | 组内互评结果 |
| --- | --- | --- | --- | --- |
| 1 | 长度150，125，100 | 15 | | |
| 2 | 外圆柱面 $\phi$25，$\phi$16f7 | 10 | | |
| 3 | 横孔 $\phi$8.2 | 20 | | |
| 4 | 螺纹M14 | 15 | | |
| 5 | 槽宽6，底 $\phi$11 | 15 | | |
| 6 | 槽宽4，底 $\phi$11 | 15 | | |

续 表

| 序号 | 项目与技术要求 | 配分 | 自检结果 | 组内互评结果 |
| --- | --- | --- | --- | --- |
| 7 | 表面粗糙度 $Ra$ 1.6,$Ra$ 6.3 | 5 | | |
| 8 | 去毛刺 | 5 | | |
| 9 | 安全文明生产 | 违者酌情扣分 | | |
| 总计 | | 100 | | |
| 本人签名 | | 组长签名 | | |

**2. 教师评价**

结合学生加工完成的锁紧螺杆零件及安全文明生产,完成本次任务评价,并填入表5-4-8中。

**表5-4-8 锁紧螺杆加工质量检测表**

| 序号 | 检验项目 | 技术要求 | 测量工具 | 测量结果 | 得分 |
| --- | --- | --- | --- | --- | --- |
| 1 | 长度尺寸 | 150、125、100 | 0～150 mm游标卡尺 | | |
| 2 | 外圆 | $\phi$25,$\phi$16f7 | 0～25 mm外径千分尺 | | |
| 3 | 横孔 | $\phi$8.2 | 0～150 mm游标卡尺 | | |
| 4 | 外螺纹 | M14 | 螺纹量规 | | |
| 5 | 槽 | 宽6,底$\phi$11 | 0～150 mm游标卡尺 | | |
| 6 | 槽 | 宽4,底$\phi$11 | 0～150 mm游标卡尺 | | |
| 7 | 表面粗糙度 | $Ra$ 1.6, $Ra$ 6.3 | 粗糙度样板 | | |
| 8 | 去毛刺 | | 目测 | | |
| 9 | 安全文明生产 | | | | |
| 总计得分 | | | | | |
| 检验结果 | 合格□ 不合格□ | 指导教师 | | | |

**3. 成绩汇总**

综合自我评价及组内互评、教师评价确定组内成员本次工作任务的综合成绩,并填入表5-4-9中。

**表5-4-9 综合成绩统计表**

| 个人评价30% | 组内互评40% | 教师评价30% | 综合成绩 |
| --- | --- | --- | --- |
| | | | |

## 六、反思与提高

从制订工作计划、零件加工制作及检查评价结果三个方面对存在的问题进行反思，寻求解决方法，持续改进，完成表 5－4－10。

表 5－4－10 问题分析表

| 存在问题 | 产生原因 | 解决方法 |
| --- | --- | --- |
| | | |
| | | |
| | | |

# 任务 5 加工锁紧手柄

## 一、回答导向问题

1. $R3$ 成形面加工采用什么刀具？

2. 车削 $\phi8$ 外圆时如何防止零件变形？

## 二、制订工作计划

运用所学的知识与技能，完成锁紧手柄加工工作计划，并填入表 5－5－1 中。

表 5-5-1　锁紧手柄加工工作计划表

| 序号 | 加工内容 | 工艺装备 | | | 切削用量 | | |
|---|---|---|---|---|---|---|---|
| | | 机床 | 工具 | 量具 | 切削速度 | 进给量 | 背吃刀量 |
| | | | | | | | |
| | | | | | | | |
| | | | | | | | |
| | | | | | | | |
| | | | | | | | |
| | | | | | | | |
| | | | | | | | |
| | | | | | | | |
| | | | | | | | |
| | | | | | | | |
| | | | | | | | |
| | | | | | | | |

## 三、小组决策

由组长组织小组成员讨论，综合小组成员制订的锁紧手柄加工工作计划，确定本小组锁紧手柄加工工作计划，并填入表 5-5-2 中。

表 5-5-2　小组锁紧手柄加工工作计划表

| 小组成员 | | | | | 组长 | | |
|---|---|---|---|---|---|---|---|
| 序号 | 加工内容 | 工艺装备 | | | 切削用量 | | |
| | | 机床 | 刀具 | 量具 | $v_c$ | $f$ | $a_p$ |
| | | | | | | | |
| | | | | | | | |
| | | | | | | | |
| | | | | | | | |
| | | | | | | | |
| | | | | | | | |
| | | | | | | | |

续 表

| 序号 | 加工内容 | 工艺装备 | | | 切削用量 | | |
|---|---|---|---|---|---|---|---|
| | | 机床 | 刀具 | 量具 | $v_c$ | $f$ | $a_p$ |
| | | | | | | | |
| | | | | | | | |
| | | | | | | | |
| 指导教师审核签名 | | | | 日期 | | | |

## 四、严格遵守机床操作规定，独立完成锁紧手柄加工

### 1. 工量具准备

写出完成锁紧手柄加工所需的工量具，填入表 5－5－3 中。

表 5－5－3　工量具清单

| 序号 | 名称 | 规格 | 数量(/人、/组) |
|---|---|---|---|
| 1 | | | |
| 2 | | | |
| 3 | | | |
| … | | | |

### 2. 加工锁紧手柄

按小组制订的锁紧手柄加工工作计划表，完成锁紧手柄加工，并填写生产过程记录表(表5－5－4)和工作日志(表 5－5－5)。

表 5－5－4　生产过程记录表

| 序号 | 项目 | 完成情况 | | |
|---|---|---|---|---|
| | | 自检记录 | 组内评价 | 指导教师评价 |
| 1 | 工件装夹 | | | |
| 2 | 车端面，车削 $\phi16$ 外圆 | | | |
| 3 | 切槽 4×4 | | | |
| 4 | 车削 $R3$ 圆弧面 | | | |
| 5 | 钻孔，切割手柄环 | | | |
| 6 | 车削 $\phi8$ 外圆，车削 $\phi5$ 外圆，控制长度 | | | |

续 表

| 序号 | 项目 | 完成情况 | | |
| --- | --- | --- | --- | --- |
| | | 自检记录 | 组内评价 | 指导教师评价 |
| 7 | 掉头装夹工件，车端面，车削 $\phi16$ 外圆，车削 $R3$ 圆弧面 | | | |
| 8 | 检测 | | | |
| 9 | 安全文明生产 | | | |

表 5-5-5 工作日志

| 日期 | 工作任务/工作阶段 | 遇到的问题和困难 | 问题的解决 |
| --- | --- | --- | --- |
| | | | |
| | | | |
| | | | |
| | | | |
| | | | |
| 备注： | | | |

**3. 安全文明生产**

遵守劳动纪律，进行安全文明生产，在实习生产过程中若有违反安全文明生产的情况，记录在表 5-5-6 中。

表 5-5-6 安全文明生产记录表

| 违反安全文明生产情况记录 | 本人签名 | 组长签名 | 指导教师签名 |
| --- | --- | --- | --- |
| | | | |

## 五、检查与评价

### 1. 自我评价与小组评价

对加工的锁紧手柄零件按项目进行检测，对自己及组内成员完成的工作任务进行客观评价，并填写表 5-5-7。

表 5-5-7　自我评价与小组评价表

| 序号 | 项目与技术要求 | 配分 | 自检结果 | 组内互评结果 |
|---|---|---|---|---|
| 1 | 圆柱面 $\phi8$ | 15 | | |
| 2 | 圆柱面 $\phi5$ | 15 | | |
| 3 | 长度 90，7 | 20 | | |
| 4 | 圆弧面 $\phi16$，$R3$，6(两处) | 20，20 | | |
| 5 | 表面粗糙度 $Ra$ 3.2 | 5 | | |
| 6 | 倒角 $C0.5$ | 5 | | |
| 7 | 安全文明生产 | 违者酌情扣分 | | |
| 总计 | | 100 | | |
| 本人签名 | | | 组长签名 | |

### 2. 教师评价

结合学生加工完成的手柄零件及安全文明生产，完成本次任务评价，并填入表 5-5-8 中。

表 5-5-8　手柄制作质量检测表

| 序号 | 检验项目 | 技术要求 | 测量工具 | 测量结果 | 得分 |
|---|---|---|---|---|---|
| 1 | 圆柱面 | $\phi8$ | 0～150 mm 游标卡尺 | | |
| 2 | 圆柱面 | $\phi5$ | 0～150 mm 游标卡尺 | | |
| 3 | 长度 | 90，7 | 0～150 mm 游标卡尺 | | |
| 4 | 圆弧面(两处) | $\phi16$，$R3$，6 | 0～150 mm 游标卡尺<br>目测 | | |
| 5 | 表面粗糙度 | $Ra$ 3.2 | 粗糙度样板 | | |
| 6 | 倒角 | $C0.5$ | 目测 | | |
| 7 | 安全文明生产 | | | | |
| 总计得分 | | | | | |
| 检验结果 | 合格□　不合格□ | | 指导教师 | | |

### 3. 成绩汇总

综合自我评价及组内互评、教师评价确定组内成员本次工作任务的综合成绩，并填入表5-5-9中。

表5-5-9　综合成绩统计表

| 个人评价30% | 组内互评40% | 教师评价30% | 综合成绩 |
| --- | --- | --- | --- |
| | | | |

## 六、反思与提高

从制订工作计划、零件加工制作及检查评价结果三个方面对存在的问题进行反思，寻求解决方法，持续改进，完成表5-5-10。

表5-5-10　问题分析表

| 存在问题 | 产生原因 | 解决方法 |
| --- | --- | --- |
| | | |
| | | |
| | | |

# 任务6　装配台虎钳

## 一、回答导向问题

1. 燕尾导轨副的间隙是多少？

2. 装配前的准备工作有哪些?

3. 你能说出台虎钳的装配有哪些技术要求吗?

## 二、制订工作计划

运用所学的知识与技能,完成台虎钳装配工作计划,并填入表 5-6-1 中。

表 5-6-1　台虎钳装配工作计划表

| 序号 | 装配工序内容 | 所需设备 | 所需工具 |
|---|---|---|---|
| | | | |
| | | | |
| | | | |
| | | | |
| | | | |
| | | | |
| | | | |

## 三、小组决策

由组长组织小组成员讨论,综合小组成员制订的台虎钳装配工作计划,确定本小组台虎钳装配工作计划,并填入表 5-6-2 中。

表 5-6-2　小组台虎钳装配工作计划表

<table>
<tr><td>小组成员</td><td colspan="2"></td><td>组长</td><td></td></tr>
<tr><td rowspan="2">序号</td><td rowspan="2" colspan="2">装配工序内容</td><td colspan="2">工艺装备</td></tr>
<tr><td>设备</td><td>工具</td></tr>
<tr><td></td><td colspan="2"></td><td></td><td></td></tr>
<tr><td></td><td colspan="2"></td><td></td><td></td></tr>
<tr><td></td><td colspan="2"></td><td></td><td></td></tr>
</table>

续 表

| 序号 | 装配工序内容 | 工艺装备 | |
|---|---|---|---|
| | | 设备 | 工具 |
| | | | |
| | | | |
| | | | |
| | | | |
| | | | |
| | | | |
| | | | |
| 指导教师审核签名 | | 日期 | |

## 四、严格遵守操作规定，独立完成台虎钳装配

### 1. 工量具准备

写出完成台虎钳装配所需的工量具，填入表 5－6－3 中。

表 5－6－3　工量具清单

| 序号 | 名称 | 规格 | 数量(/人、/组) |
|---|---|---|---|
| 1 | | | |
| 2 | | | |
| 3 | | | |
| … | | | |

### 2. 装配台虎钳

按小组制订的台虎钳装配工作计划表，完成台虎钳装配，并填写生产过程记录表(表 5－6－4)和工作日志(表 5－6－5)。

表 5－6－4　生产过程记录表

| 序号 | 项目 | 完成情况 | | |
|---|---|---|---|---|
| | | 自检记录 | 组内评价 | 指导教师评价 |
| 1 | 零件清洗 | | | |
| 2 | 去毛刺、倒棱 | | | |
| 3 | 检查零件尺寸 | | | |
| 4 | 燕尾导轨副装配 | | | |

续 表

| 序号 | 项目 | 完成情况 | | |
|---|---|---|---|---|
| | | 自检记录 | 组内评价 | 指导教师评价 |
| 5 | M14 螺杆装配 | | | |
| 6 | 钳口垫块装配 | | | |
| 7 | 固定钳口装配 | | | |
| 8 | 整体装配效果 | | | |
| 9 | 安全文明生产 | | | |

表 5－6－5　工作日志

| 日期 | 工作任务/工作阶段 | 遇到的问题和困难 | 问题的解决 |
|---|---|---|---|
| | | | |
| | | | |
| | | | |
| | | | |
| | | | |
| 备注： | | | |

### 3. 安全文明生产

遵守劳动纪律，进行安全文明生产，在实习生产过程中若有违反安全文明生产的情况，记录在表 5－6－6 中。

表 5－6－6　安全文明生产记录表

| 违反安全文明生产情况记录 | 本人签名 | 组长签名 | 指导教师签名 |
|---|---|---|---|
| | | | |

## 五、检查与评价

### 1. 自我评价与小组评价

对装配完成的台虎钳按项目进行检测，对自己及组内成员完成的工作任务进行客观评价，并填写表 5-6-7。

表 5-6-7　自我评价与小组评价表

| 序号 | 项目与技术要求 | 配分 | 自检结果 | 组内互评结果 |
| --- | --- | --- | --- | --- |
| 1 | 零件清洗 | 5 | | |
| 2 | 去毛刺、倒棱 | 10 | | |
| 3 | 检查零件尺寸 | 5 | | |
| 4 | 燕尾导轨副装配 | 20 | | |
| 5 | M14 螺杆装配 | 10 | | |
| 6 | 钳口垫块装配 | 10 | | |
| 7 | 固定钳口装配 | 20 | | |
| 8 | 整体装配效果 | 20 | | |
| 9 | 安全文明生产 | 违者酌情扣分 | | |
| 总计 | | 100 | | |
| 本人签名 | | 组长签名 | | |

### 2. 教师评价

结合学生装配完成的台虎钳及安全文明生产，完成本次任务评价，并填入表 5-6-8 中。

表 5-6-8　台虎钳装配质量检测表

| 序号 | 检验项目 | 技术要求 | 测量工具 | 测量结果 | 得分 |
| --- | --- | --- | --- | --- | --- |
| 1 | 零件清洗 | 无杂物 | | | |
| 2 | 去毛刺、倒棱 | 周边均需倒棱 | | | |
| 3 | 检查零件尺寸 | 符合零件图 | | | |
| 4 | 燕尾导轨副装配 | 间隙合理 | | | |
| 5 | M14 螺杆装配 | 运动自如 | | | |
| 6 | 钳口垫块装配 | 螺孔中心距符合 | | | |
| 7 | 固定钳口装配 | 两钳口平行 | | | |
| 8 | 整体装配效果 | 夹紧效果好 | | | |

续　表

| 序号 | 检验项目 | 技术要求 | 测量工具 | 测量结果 | 得分 |
|---|---|---|---|---|---|
| 9 | 安全文明生产 | | | | |
| 总计得分 | | | | | |
| 检验结果 | | 合格□　不合格□ | | 指导教师 | |

**3. 成绩汇总**

综合自我评价及组内互评、教师评价确定组内成员本次工作任务的成绩，并填入表5－6－9中。

表5－6－9　综合成绩统计表

| 个人评价30% | 组内互评40% | 教师评价30% | 综合成绩 |
|---|---|---|---|
| | | | |

## 六、反思与提高

从制订工作计划、零件加工制作及检查评价结果三个方面对存在的问题进行反思，寻求解决方法，持续改进，完成表5－6－10。

表5－6－10　问题分析表

| 存在问题 | 产生原因 | 解决方法 |
|---|---|---|
| | | |
| | | |
| | | |

# 参考文献

[1] 劳动和社会保障部教材办公室. 车工(中级)[M]. 北京:中国劳动社会保障出版社,2004.
[2] 陆剑中,孙家宁. 金属切削原理与刀具[M]. 北京:机械工业出版社,2005.
[3] 机械工业职业教育研究中心. 铣工技能实战训练[M]. 北京:机械工业出版社,2005.
[4] 黄锦清. 机加工实习[M]. 北京:机械工业出版社,2005.
[5] 万文龙. 机械加工技术实训[M]. 上海:华东师范大学出版社,2008.
[6] 同长虹. 钳工技能培训[M]. 北京:机械工业出版社,2009.
[7] 张玉中,曹明. 钳工实训(第 2 版)[M]. 北京:清华大学出版社,2011.